改訂新版

測量実習ポケットブック

岡島 賢治
谷口 光廣
森本 英嗣
成岡 市
著

電気書院

まえがき

本書は，令和２年（2020年）４月に出版された『改訂２版　実務測量に挑戦!!　基準点測量』（電気書院）に掲載されている「測量実習編」の実用版として作られた．

「実務測量に挑戦!!」にあわせて，本書は測量実習の現場で活用できるようにまとめられている．

本書の特徴は，

⑴　測量の実務・実習訓練中に作業着やジャンパーなどのポケットから取り出して，即座に使用することができる．このため，実習者が不明と思うところも現場でチェックすることができる．

⑵　手帳型のため，実務に携わる方だけでなく興味のある一般の方も手に取りやすい．

⑶　どこから見ても・読んでも，理解が深まる各章独立型になっている．

⑷　３mm四方のマス目のついた「メモ欄」を随所に入れてある．測量実習中のメモ帳（野帳）として利用でき，表，グラフ，図形などを現場で描くこともできるようになっている．

本書は，測量機器に関する基礎的な操作技術や測定原理が理解でき，これから「測量」に触れようとする実務者が利用できるように作られている．

本書の出版に際して多大のご尽力を賜った株式会社電気書院編集部の方々ならびに本書担当者の近藤知之氏に深く感謝申しあげる．

令和２年（2020年）４月

著者グループ　記す

目 次

9章　オートレベルによるスタジア距離測量…… 91

10章　オートレベルによる往復水準測量…… 97

11章　平板測量…… 111

12章　トータルステーションによる基準点測量 …… 127

13章　ポール横断測量 …… 141

14章　写真測量 …… 149

15章 UAV ………………………… 163

序章　測量実習における安全の手引き

1. 測量実習の心得

- 測量はチームで作業するため，チームワークを大切にする.
- 各人が主体性を持って，真剣かつ積極的な姿勢で取り組む.
- 取得したデータをごまかしたり，改ざんしない.

2. 測量実習の準備

[内容の把握]

与えられた実習の内容を十分に理解する．テキストあるいは参考資料の確認や指導教員のアドバイスを受け，必要機材と測量法を十分理解し，作業の段取りをのみこんでおく．

[服装など]

野外測量（外業）に適した服装をする．夏季には，長袖（長時間の炎天下では，半袖は体力消耗に強く影響する)，長ズボン，はき慣れた運動靴（スリッパ，サンダル，ハイヒール，かかとをつぶした靴などは厳禁)，日よけ帽子を着用する．汗を拭うタオル，水分補給の飲料水は必需品である．

冬季には防寒等に十分な配慮をする．

[器械・器具の準備]

使用器械・器具の数量を確認する．一定期間内に作業が完了するよう，必要な器械・器具類の数量・性能の点検を行い，現場で不良品などが発生しないように注意する．使用する道具への心遣いは「安全作業」に欠かせない．

[測量現場の把握]

外業に入る前に，測量しようとする現場全体の状況を把握し，安全確認をする．

3．野外作業（外業（がいぎょう））

[健康管理]

外業にあたって，野外の天候状況を十分考慮し，服装や飲料水等の用意のほか，自分自身で健康管理を行う姿勢をとる．睡眠不足，身体の不調，精神的いらだち状態などで作業してはならない．心身を常に健康に保つことが事故防止に欠かせない．

[有害生物への注意]

屋外で測量する場合には，ハチ（蜂），カ（蚊），アブ（虻）あるいはヤマビル（山蛭），毒ヘビ等の有害生物に十分注意する．ハチや毒ヘビに遭遇した場合は，刺激を与えないように静かにその場から後退する．スズメバチの攻撃に遭遇した場合は，地面に伏して手で目を隠し，身体を動かさない．黒っぽいものは攻撃対象にされやすい．もし刺されたら，まず，傷口を水やお茶などで洗い流し，身体を安静にさせ，医師の診断を受ける．毒ヘビに咬まれた場合は，最も近い病院，役場，保健所などに連絡してワクチンなど必要な処置を受ける．有害生物からの攻撃を避けるために，防虫スプレーによる予防と夏季でも露出部分が少なく機能性に優れる服装の着用を推奨する．

[器械・器具の管理と操作]

器械・器具の整備点検は，測量を行う前（始業点検），行った後（終業点検）の両方で，自分自身の手によって行う．

測量器械・器具の管理にあたっては，常に「整理整頓」に努める．測量では，精密品，長尺品，鋭利な部分をもった品など，さまざまな種類の器械・器具が使われる．雑然・混然とした管理は，事故のもとになる．器械・器具の不足や不具合などがあった場合は指導教員に連絡し，適切な処置を行う．

精密な器械・器具を取り扱うので，操作方法のマニュアルを熟知しておく．持ち運びに際しては，教員の指導およびマニュアルに記述された内容に従った適正な方法をとる．また，外業では，とくに危険回避にあたっては，臨機応変かつ迅速な対処をとる．

[周囲への配慮]

交通量の激しい場所での測量にあたっては，観測者の他に，全体を見回せる第三者を配置し，チームメンバーが互いに注意しあいながら安全確保を心掛ける．

4. 室内作業（内業（ないぎょう））

[眼精疲労の予防]

空中写真を取り扱う場合，立体視および判読など普段使い慣れない操作法をとるため，長時間の作業は眼精疲労の原因になる．適宜休憩時間をとるように注意する．

［情報処理機器（システム）の使用時の注意］

安全マニュアルを熟読・熟知し，装置の適正操作だけでなく共通利用施設に対するマナーを守る．

コンピュータの使用にあたって，端末表示装置（VDT；Visual Display Terminal）やキーボードの長時間操作は，眼精疲労，目の不快感，視力低下，肩こり，腰痛，頭痛，腱鞘炎，集中力・記憶力低下，いらいらなどが起こる可能性につながる．適度の休憩，自然な作業姿勢，ディスプレイと周囲の明るさなどに十分配慮する．ディスプレイやコンピュータの内部には高電圧が掛けられた部分があるので，正常操作以外の感電事故に繋がる扱いに十分注意する（操作マニュアルの熟知）．

感電事故が発生した場合，「直ちに電源を切る，感電者を電流から離し新鮮な空気のある場所へ移動させる，着衣を弛めて身体全体を楽にさせる，救急あるいは医師に連絡して手当を受ける」などの応急対策をとる．なお，救助者が感電（二次災害）に合わぬように注意する．

メモ欄

1章　機器の取り扱い

1-1　目的

測量実習に当たって，用いる測量器具の名称確認は器具を用意するうえでも重要である．また，バッテリーを使用する器具の場合，バッテリーの確認不足は現場での測量の手戻りにつながる．このため，実習開始に当たって，測量器具庫の点検を行う．

また，測量器具は石突など尖ったものが多く，測量器械は比較的高額な精密機械が多い．このため，これらの取り扱いには十分な注意を喚起する．

1-2　測量器械の点検（室内；内業（ないぎょう））

1-2-1　保管時・使用前

① 保管場所が高温多湿な場所，急激な温度変化のある場所にないか確認する．

② 年１回の器械検定を受け，検定証明書の発行された器械を使用する．

③ チェックシートを用意し，測量器具の個数をチェックシートに記入する．

④ 測量器械を器具庫から取り出す．

⑤ 自動車などで移動する場合は，格納箱を荷台に直接載せず，シートやクッションに置いて（シートベルトを使う）移動する．

1-2-2　格納箱から器械を取り出すときの留意点

① 格納箱から器械を取り出すときは，付属品その他の備品類を確認する．

② 取り出すときには，望遠鏡の位置を確認し，水平固定つまみと望遠鏡固定つまみが緩んでいるか確認する．

③ 器械は必ず両手で持って取り出す．そのときにアンテナの付属されている器械では，アンテナをケースに引っ掛けないように注意する．

1-2-3　測量器械を操作するときの留意点

① 器械に衝撃を与えない．

② 固定つまみを固定した状態で望遠鏡などを無理に回転させない．

CHECK!!

固定つまみは軽く固定するだけで器械の動きを固定することができる．決して固定つまみを回しすぎない．回しすぎると，内部のねじ山がつぶれてしまう．

---

③ バッテリーを挿入し，バッテリー残量を確認する．必要なら充電しておく．使用時は予備バッテリーを携行する．

④ 器械のレンズにほこりがついていた場合ほこりを払う．

CHECK!!

使用時に水でぬれた場合は，格納前に乾いた布で拭き，室内の転倒しない場所に１日程度置き，十分に自然乾燥させてから格納する．

1-2-4　格納箱への格納時の留意点

① 格納時は望遠鏡などの位置を取り出し時と同じ状態にし，固定つまみを軽く固定する．

CHECK!!

固定つまみは強く締めない．固く締め付けると衝撃を受けたときに，衝撃が各部の精密部分に伝わる．

---

② 格納時はバッテリーを取り出す．

③ 格納箱に器械を入れるときは，取り出したときと同じ格納状態にする．

CHECK!!

格納位置目印となるシールなどを目安に位置を合わせ，絶対に無理に押し込んで格納しない．

---

④ 付属品（錘球（すいきゅう）（下げ振り）や取り付け金具など）も所定の位置に格納する．

1-2-5　測量器械を収納するときの留意点

① 定められた保管場所へ格納箱を収納する．

1-3　測量器具の点検（野外；外業（がいぎょう））

1-3-1　ポールの点検

① 運搬時，石突（いしづき）によって周囲の人に危害を与えることの無いように,尖った先端部が上を向くように運ぶ.

② 塗料に剥げている箇所がないか，石突がぐらつかないか点検する．

③ 石突の先端が磨耗していないか確認する．

④ 使用後，ポールの石突に泥がついていたら，ふき取ってから収納する．

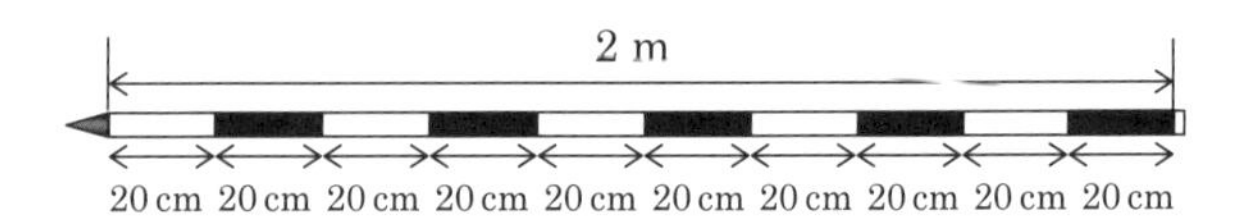

図1.1　ポール

図1.2　ポールの運び方

1-3-2　標尺（ひょうしゃく）（スタッフ）の点検

① 目盛の異常，剥離，打痕などがないか点検する．

② 伸縮部の異常，余分なガタツキなどがないか点検する．

③ 伸ばしたときロック（伸縮ボタン）が正常に作動するか点検する．

④ 使用後，標尺に泥がついていたら，ふき取ってから収納する．

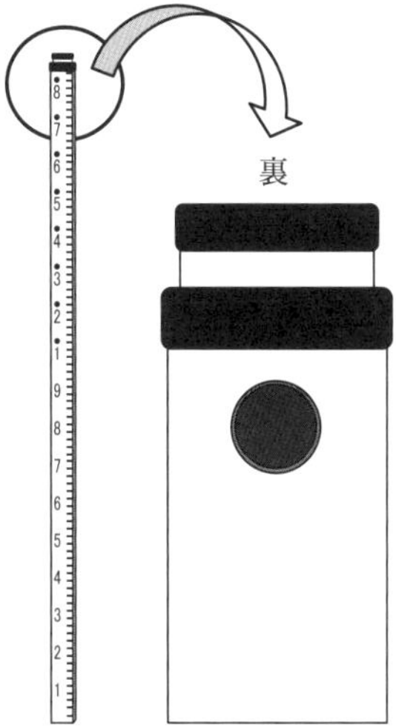

裏

図1.3　標尺の伸縮ボタン

1-3-3　三脚の点検

① 三脚の運搬時は，必ず固定ねじを閉め，ベルトで脚を固定する．

② 三脚の足を延ばし，三脚を開いて設置する．

CHECK!!

正しい設置方法は，「5章　トータルステーション（TS）の据付け」を参照．

③ 脚部や伸縮部にガタツキがないか確認する．

④ 各固定ねじがきちんと閉まるか確認する．

⑤ 石突の先端が磨耗していないか確認する．

⑥ 使用後三脚の石突に泥がついていたら，ふき取ってから収納する．

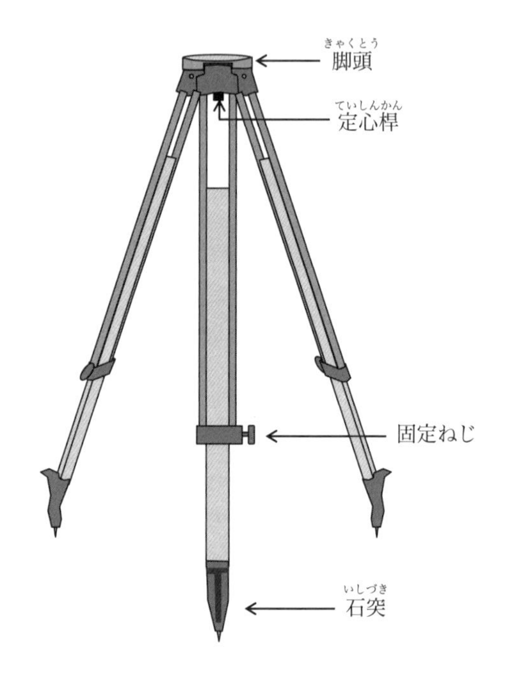

図1.4　三脚の部位名

メモ欄

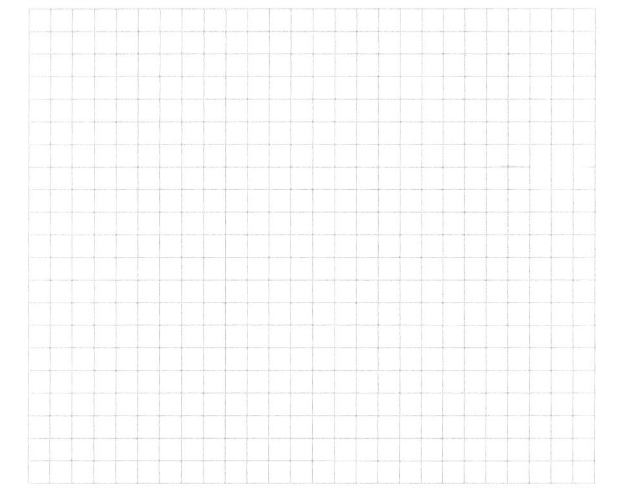

2章　基準点踏査

2-1　目的

基準点測量において必要となる各種基準点が実習地周辺にどのような密度で存在しているかを確認する．また，携帯型GNSS（GPS）を用いて基準点（実習では三角点）を効率よく探索する方法を身につける．

2-2　知識

精度の高い測量を行うために，測量の対象区域に水平位置（緯経度，直角座標）や高さ（標高）が正確に求められる点（既知点）をあらかじめ適当な間隔で配置しておき，これらを起点として周辺の細部測量が行われる．この既知点を基準点という．

表2.1　国家基準点の整備状況　(2019年4月1日現在)

種類(区分)	設置点数	内　訳		平均点間距離
三角点	109 483	一等三角点	974	25 km
		二等三角点	5 009	8 km
		三等三角点	31 754	4 km
		四等三角点	71 746	2 km
水準点	16 808	基準水準点	84	100 km
		一等水準点	13 634	2 km
		二等水準点	3 090	2 km
電子基準点	1 318	電子基準点	1 318	20 km

(注) 本書では，3桁ごとの“,”（カンマ）は半角スペースで表記している．

2-3　使用器具

携帯型GNSS（GPS）　1台

カメラ　1台

野帳，筆記用具　1式

2-4 実習手順

2-4-1 基準点の位置の確認（内業）

① 国土地理院ホームページ内の「基準点成果等閲覧サービス」から実習地周辺の基準点地図を閲覧する．

② 実習地周辺の基準点を検索し，適当な「三角点」，「一等水準点」を1点ずつ選ぶ．選んだ基準点をクリックすると「詳細情報表示」のアイコンが出てくるので，クリックする．新たに表れる「基準点詳細」ウインドウから等級種別，基準点名，緯度・経度，標高[m]など必要事項を野帳に記録する（**表 2.2** を参考）．

③ 上記②で選択した「三角点」と「一等水準点」に加え，踏査する以下の基準点数を選択する．このとき，地図上段にある「□テキスト情報」にチェックを入れると，選択した基準点の「成果ID（上段)」，「基準点名（下段)」が地図に表示されるので野帳に記録する．

- 三角点　：1か所（②で選択）
- 一等水準点　：1か所（②で選択）
- 街区三角点（2級基準点相当）　：5か所
- 街区多角点（3級街基準点相当）：10か所

表2.2　記録の例

	記録日	2018年6月3日	記録者	○○ ○○
等級種別	基準点名	北緯	東経	標高 (m)
一等水準点	1484	34° 40' 50" .2021	136° 30' 38" .0459	1.4835
四等三角点	東城山	34° 40' 44" .5525	136° 30' 20" .0755	17.8
2級	1083A			
3級	10E16			

④ 適当な縮尺で周辺の地図を印刷する.

CHECK!!

このとき，地図上段にある「□テキスト情報」にチェックを入れ，基準点番号も同時に印刷する.

⑤「三角点」または「一等水準点」を始点とし，すべての基準点数を踏査できるルートを決定する.

⑥ 携帯型GNSS（GPS）のナビ機能に上記④で選択した「三角点」または「一等水準点」の緯度・経度を入力する.

図2.1　三角点の例
（三重県津市江戸橋，柱の左下の地表面にある）

図2.2　一等水準点の例（三重県津市栗真町屋町）

2-4-2　基準点の踏査と記録（外業）

CHECK!!

三角点や一等水準点は公的施設の敷地内にあることが多い，実習に当たっては事前に当該公的施設に訪問の趣旨を説明しておく．

---

① 携帯型GNSS（GPS）のナビ機能に従い，選択した「三角点」または「一等水準点」を探索する．
② 「三角点」または「一等水準点」を確認し，カメラで撮影した後，礎石に携帯型GNSS（GPS）を置き，携帯型GNSS（GPS）に表示される緯度・経度および測位誤差を野帳に記録する（**表2.3**を参考）．
③ 携帯型GNSS（GPS）の軌跡ログがONになっているか確認する．
④ **2-4-1** ⑤で決定したルートに従って基準点を探索する．

⑤ それぞれの基準点を確認し，カメラで撮影した後，確認時刻，基準点上の携帯型GNSS（GPS）の位置データ，測位誤差を記録する（**表2.3**を参考）．

CHECK!!

周辺に似た標識がある場合，誤って記録することがあるため，基準点名を上記**2-4-1**③で記録した基準点名と同じであることを確認する．また，街区多角点では，容易に確認できないところもあるため，1か所当たりの探索時間は5分程度とする．

表2.3　GNSS（GPS）による踏査時記録の例

調査日	2018年 6月3日		記録者	○○ ○○		○○ ○○
等級種別	基準点名	時刻	北緯	東経	測位誤差[m]	備考
一等水準点	1484	15:20	34° 40' 50.5"	136° 30' 38.2"	5	
四等三角点	東城山	15:40	34° 40' 44.1"	136° 30' 19.7"	4	草に埋もれていた
2級	1083A	15:45	34° 41' 20.6"	136° 31' 02.5"	4	
3級	10E16	15:55	34° 41' 19.7"	136° 30' 53.9"	4	

図2.3　基準点の例

2-5 結果の整理

① 踏査した基準点の記録を表にまとめる（**表 2.2**，**表 2.3** を参考）.

CHECK!!

基準点の記録を表にまとめる際に，カメラで撮影した基準点の画像も活用する.

---

② 「三角点」と「一級基準点」の携帯型 GNSS (GPS) の位置データ（緯度・経度）と，国土地理院の位置データを比較して，携帯型 GPS の精度を考察せよ.

2-6 課題

① 「基準点成果等閲覧サービス」の地図上で，踏査した基準点を起点として，同種の等級種別の基準点間距離を**表 2.1** と比較考察せよ.

CHECK!!

基準点間距離は，「基準点成果等閲覧サービス」の地図上右上の「機能」の中の「計測」から求めることができる.

---

② 携帯型 GNSS（GPS）の軌跡情報データを GPS から抽出し，適当なソフトを用いて描画せよ.

CHECK!!

1例としてフリーソフト「カシミール3D」「QGIS」やインターネット上のGoogle Mapsページで描画することもできる.

3章　距離測量（簡易距離測量）

3-1　目的

指定した地点間の距離を簡易な測量技術によって測る．簡易な測量技術として，「歩測，目視，携帯型レーザー距離計，携帯型GNSS（GPS）」の4種を使用する．時間的・社会的・地理的に制限がある場合，これらの測量技術は通常の測量機器を用いずに大まかな距離を知るのに有益である．

3-2　知識

3-2-1　距離の定義

距離は，図3.1に示すように，「**斜距離，水平距離，高低差（比高）**」に分けられる．局地的な測量では，水平距離が用いられる．地表面に起伏があるとき，2点間の距離としては斜距離が得られるため，斜距離と高低差から水平距離が計算される．広範囲の地形図作成では，水平距離をさらに準拠楕円体上の投影距離や，平面直角座標系上の平面距離に補正して用いられる．

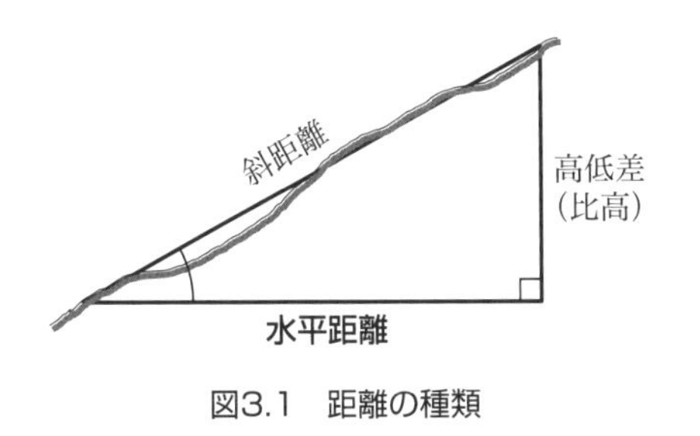

図3.1　距離の種類

3-2-2 距離の精度

精度には測量対象領域の地形・土地利用状態によって許容される精度と，測定方法や使用機器によって期待できる精度がある．前者の許容精度は，以下のようになる．

山地・森林	1/500	～	1/1 000
平坦地・農耕地	1/2 500	～	1/5 000
市街地	1/10 000	～	1/50 000

3-3 使用器具

ガラス繊維製巻尺（テープ）	1本
携帯型レーザー距離計	1台
携帯型 GNSS（GPS）	1台
ポール	2本
チョーク	1本
厚紙（画用紙）	2枚
野帳，筆記用具	1式

3-4 実習手順

3-4-1 歩幅の決定

① 平坦地を選び，ガラス繊維製巻尺で 30 m を測り，印をつける．

② 30 m 区間を歩くのに要する複歩を数え，野帳に記入する（1往復）．

CHECK!!

最後の歩数は，目印を超えて止まり，0.1 歩単位で数える（例：20.4 歩）．

③ 複歩幅（ふくほ）を（30.0 m）／（歩数）で求める.

（例：30.0 m / 20.4 歩 ≒ 1.5 m/ 歩）

CHECK!!

複歩幅とは，右足から右足または左足から左足までの距離．複歩幅は身長の90 %程度である．

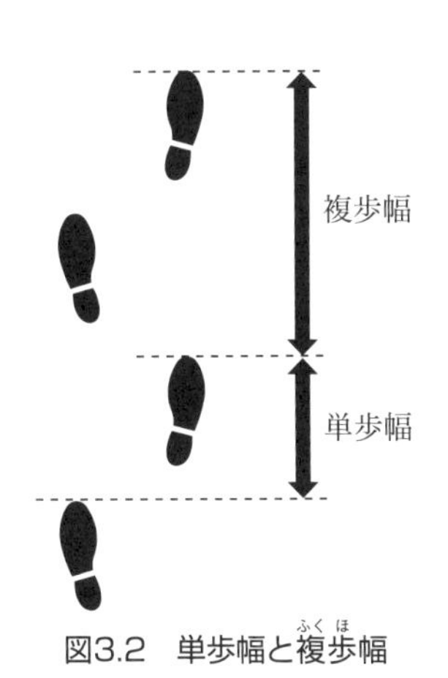

図3.2　単歩幅と複歩幅（ふくほ）

表3.1　野帳の記入例（複歩幅の決定）

測定者　○○		複歩数[歩]	平均歩数[歩]	複歩幅[m]
測線長［m］	往	20.6		
30.0	復	20.2	20.4	1.5

3-4-2　測点の設置

平坦地において，間隔約 100 m の 2 点（測点 A，測点 B）を定める．

3-4-3　歩測による距離測量

① 測点 A-B 間の距離を歩くのに要する複歩を数え，野帳に記入する（1 往復）．

CHECK!!

最後の歩数は，目印を超えて止まり，0.1 歩単位で数える．

② 複歩幅を用いて（歩数）×（歩幅）によって距離を求める．

③ 往復の平均距離，往路，復路の距離の差（較差）を求め，精度を計算する．

④ 精度が 1/100 以下の場合は，①～③を繰返し再測する．

精度の計算例：

精度＝ 1/{(平均距離) / (較差)}

平均距離 104.3 m，較差 0.9 m のとき，精度は 1/115（1＝{104.3/0.9}）となる．

CHECK!!

精度とは，ある量を測定したときの正確さの度合いをいい，通常（1/○○）と分子を 1 とした表記で表す．

表3.2　野帳の記入例（歩測）

○○年○○月○○日　天候				測定者　○○	
測線	区間	複歩数［歩］	距離［m］	平均距離［m］	精度
AB	A − B	71.2	104.7		
	B − A	70.6	103.8	104.3	1/100
		較差［m］	1.3		

3-4-4　その他の簡易距離測量

(1) 目視

① 測点 A，測点 B で互いに向かい合うようにポールを立てる．

② 測点 A から測点 B を目視し，およその距離が何 m に見えるか判断して，野帳に記録する．

⑵ 携帯型レーザー距離計

① 携帯型レーザー距離計の取扱説明書を読み，計測距離ごとの測定誤差を調べる．

② 測点 A，測点 B で互いに向かい合うようにポールを立てる．

③ 測点 B のポール係は，測点 A に向かい合うようにレーザー光反射用の厚紙（画用紙）を持つ．

④ 測点 B のポール係の横に補助員が立ち，ポールが鉛直になるよう指示する．

CHECK!!

携帯型レーザー距離計の測定範囲が100 m未満のものは，中間点を設置する．

⑤ 測定者は測点 A のポールに携帯型レーザー距離計が位置するように立ち，測点 A から測点 B までの水平距離を計測する．このとき，取扱説明書に記載されている測定誤差も合わせて野帳に記入する．

⑥ 測点 B からも同様に測点 B から測点 A までの水平距離を計測する．

⑶ 携帯型 GNSS（GPS）

① 携帯型 GNSS（GPS）を起動し，衛星を捕捉するまで待つ．

② 測点 A および測点 B の緯度，経度および位置の測位誤差を野帳に記録する．

③ 2点の緯度，経度のデータから測点AB間の距離を求める．

CHECK!!

インターネット上にある緯度・経度から距離を求めるサイトを利用すると簡便である．例えば，「測量計算(距離と方位角の計算) - 国土地理院」（https://vldb.gsi.go.jp/sokuchi/surveycalc/surveycalc/bl2stf.html）

表3.3　野帳の記入例（その他の簡易距離測量）

○○年○○月○○日　天候			測定者　○○
目視			
測線	距離[m]		
AB	110		
携帯型レーザー			
区間	距離[m]	測定誤差[m]	
A－B	104	±0.5	
B－A	103	±0.5	
平均	104		
GNSS(GPS)			
測点	緯度	経度	測定誤差[m]
A	N34° 44'43.5"	E136° 31'21.1"	±4
B	N34° 44'41.8"	E136° 31'24.6"	±5
	A-B 間	103.296 m	

3-5　結果の整理

① 歩幅の決定，歩測による距離測量結果をまとめよ．

② 目視，携帯型レーザー距離計，携帯型GNSS(GPS）による距離測量結果をまとめよ．

3-6 課題

① 歩測の精度と誤差の要因について考察せよ.

② 携帯型レーザー距離計の測定について精度の計算を行い，誤差の要因について考察せよ.

③ 携帯型 GNSS (GPS) の測位誤差の要因を調べて，考察せよ.

メモ欄

メモ欄

4章　距離測量

4-1　目的

鋼製巻尺を用いた距離測量の技術を習得する．

3章の簡易距離測量で用いた測線ABを使用することで，様々な距離測量方法を評価し，それぞれの距離測量方法の利点と欠点を考察する．

4-2　知識

4-2-1　巻尺（テープ）

距離測量に使用する巻尺（テープ）は，精度の高いものから低いものまで各種ある．精度の低いものから順に，ガラス繊維製巻尺，鋼製巻尺，インバール製巻尺などである．

実習では，鋼製巻尺による距離測量を行う．鋼製巻尺は，ねじれや外力により折損しやすいので，測定時には取り扱いに注意する．

4-2-2　巻尺による測定

鋼製巻尺による距離測量は張力計（スプリングバランス）を用いる．張力計を持たない引張係は**図 4.1**のように巻尺をずれないように持ち，巻尺に十分な張力がかかるようにする．かける張力は10～15 kgとし，引張係は巻尺の両端で息を合わせて同じ力で引く．

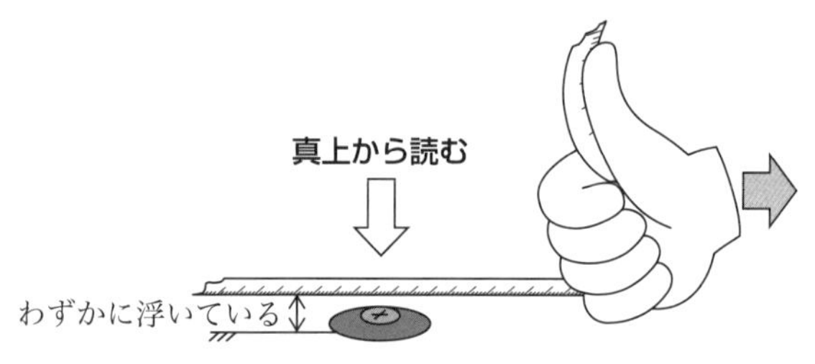

図4.1　巻尺の持ち方

4-2-3　中間点の設置

測線 AB が使用する巻尺より長い場合，**図 4.2** のように約 30 m ごとに中間点を設けて区間ごとに測定する．

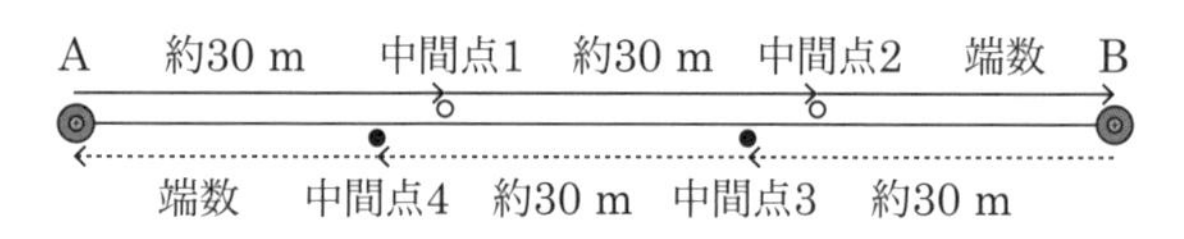

図4.2　中間点の設置

中間点は以下の手順で決定する．

① A 点，B 点にポールを立てる．このときポール係 A は見通しする係の障害とならないように注意する．

② 中間点となるポール係 C は，約 30 m の距離まで歩測で進み，測線 AB 上と思う位置に仮にポールを立てる．

③ 見通しを行う係は，測線 AB の延長線上で A から数 m 離れた位置に立つ．測線 AB 上では見通しを行う係から見ると，B 点は完全に A 点のポールによって隠れるはずである．

④ 見通しを行う係は，A 点，B 点のポールを両眼で同時に見通し，ポール係 C に声をかけて測線 AB 上にポール C を誘導し，中間点を決定する．

このとき，中間点は，往復で異なる中間点を設定する．

図4.3　直線の見通し

4-3　使用器具

鋼製巻尺（テープ）	1 本
ポール	3 本
測量鋲・明示板	4 組
野帳，筆記用具	1 式
温度計	1 本
張力計	1 個

4-4　実習手順

4-4-1　鋼製巻尺の条件の整理

① 鋼製巻尺の全長 L，標準張力 P_0，テープの断面積 A，線膨張係数 α，ヤング率 E を記録する．

CHECK!!

条件が不明の場合は，以下の仮の値で実習を行う．
標準張力P_0=100 N，テープの断面積A=2.50 mm^2，
線膨張係数α=0.000 011 5 /℃，
ヤング率E=206 800 N/mm^2

表4.1　巻尺条件の記入例

巻尺条件					
全長 [m]	50	標準張力 [N]	100	断面積 [mm^2]	2.50
線膨張係数 [/℃]	0.000 011 5	ヤング率 [N/mm^2]	206 800		

4-4-2　鋼製巻尺による距離測量

① 平坦地において，間隔約 100 m の 2 点（測点 A，測点 B）を定める．

② 中間点をいくつ設けるか事前に決定し，中間点を設置する．

③ ポールを用い，測線 AB の見通し線上の約 30 m ごとに中間点を決定し，測量鋲を設置する．

CHECK!!

測量鋲と明示板が設置できない場合は，チョーク等で印をつける．このとき，中間点は固定された石の先端など限りなく点に近いものとし，チョークはその位置がわかるような印とする．

④ 測点 A に巻尺の 0.000 m 端を置き，巻尺を側線上にねじれがないように張り，温度計を巻尺のそばに設置する．このときから測定時まで，巻尺を横断しようとする通行人に注意する．

⑤ 測点 A に巻尺の 0.000 m を合わせ，巻尺の終端を中間点までたるまないように軽く波打たせながら引く．

⑥ 記帳係は，野帳に開始時刻と気温を記入する．その後，記帳係は測点A付近に立ち，「よーい」の掛け声とともに片手を上げ，「はい」の掛け声とともに手を振り下ろす．このとき，記帳係の「よーい」の掛け声とともに引張係は巻尺を十分な張力で引き，記帳係の「はい」の掛け声とともに読係が測点（始点と終点）の目盛を読み，野帳に記入する．記帳係の声が聞こえにくい場合は，手による合図を参考にすること．

CHECK!!

測定時，測点Aでの目盛は0.000 mからずれることが普通である．必ずしも0.000 mに合わせる必要はない．読係は「ずれた値」をmm単位まで読むこと．

⑦ 巻尺を巻いて，終端であった中間点に巻尺の0.000 mを置き，次の中間点まで巻尺を測線上にねじれがないように張る．

⑧ 測点Bまで⑤から⑦までの作業を繰返し，距離測定を行う．測点Bに到着したあと，両端の読係の記入したデータを記帳係が野帳にまとめる．

⑨ 測点Bから測点Aまで復路も②から⑦までを繰返し，距離測定を行う．

⑩ ここでは精度1/5 000を目標として測定を行い，測定終了後その場で精度を計算し確認する．精度が1/5 000未満の場合は再測する．

表4.2　巻尺による距離測量の野帳記入例

○○年○○月○○日　天候○○　測定者○○, ○○, ○○, ○○, ○○							
時刻	往路	温度 [℃]	張力 [kgf]	始点読値	終点読値	測定距離 [m]	距離 [m]
○時○分	A-1	23.5	13	0.003	30.015	30.012	
	1-2	23.5	12	0.010	30.346	30.336	
	2-3	24.0	15	0.052	30.412	30.360	
○時○分	3-B	23.5	15	0.005	13.574	13.569	104.277
	復路						
○時○分	B-4	23.5	15	0.014	29.885	29.871	
	4-5	24.0	14	0.008	30.178	30.170	
	5-6	24.0	12	0.002	30.479	30.477	
○時○分	6-A	24.5	13	-0.006	13.739	13.745	104.263
						平均 [m]	104.270
						較差 [m]	0.014
						精度	1/7 400

4-5　結果の整理

① 鋼製巻尺の条件を整理せよ.

② 鋼製巻尺による距離測量の結果をまとめよ.

③ 往路, 復路で較差が生じた要因について考察せよ.

④ 3 章で距離測量した各種の簡易距離測量の結果と精密距離測量の結果を比較考察せよ.

4-6　課題

① 各測定値の温度補正値を求めよ. 測定時の温度を T[℃], 測定距離を l[m] としたとき, 温度補正値 C_t は以下のように求める.

$$C_t = \alpha \times (T - 20.0) \times l$$

補正後の測定距離を L[m] とすると

$$L = l + C_t$$

CHECK!!

測定時，気温が計測できなかった場合は，測定時の気温を仮に25.0 ℃とみなして補正計算を行うこと．

② 各測定値の張力補正値を求めよ．このとき，測定時の張力 P[N] = P[kgf] × 9.8 で求め，張力補正値 C_p は以下のように求める．

$$C_p = (P - P_0) \times l/(E \cdot A)$$

補正後の測定距離を L[m] とすると

$$L = l + C_p$$

ここで，P_0 は 4-4-1 で整理した標準張力．

③ 温度補正値，張力補正値をもとに，補正測定距離を求め，AB 間の補正距離を求めよ．また，補正前の値と比較して考察せよ．

表4.3　補正計算例

往路	測定距離 [m]	温度 [℃]	張力 [kgf]	温度補正値	張力補正値	補正測定距離	補正距離 [m]
A-1	30.012	23.5	13	0.001 20	0.001 6	30.015	
1-2	30.336	23.5	12	0.001 22	0.001 0	30.338	
2-3	30.360	24.0	15	0.001 40	0.002 8	30.364	
3-B	13.569	23.5	15	0.000 546	0.001 2	13.571	104.288
復路							
B-4	29.871	23.5	15	0.001 20	0.002 7	29.875	
4-5	30.170	24.0	14	0.001 40	0.002 2	30.174	
5-6	30.477	24.0	12	0.001 40	0.001 0	30.479	
6-A	13.745	24.5	13	0.000 711	0.000 73	13.746	104.274
						平均 [m]	104.281

メモ欄

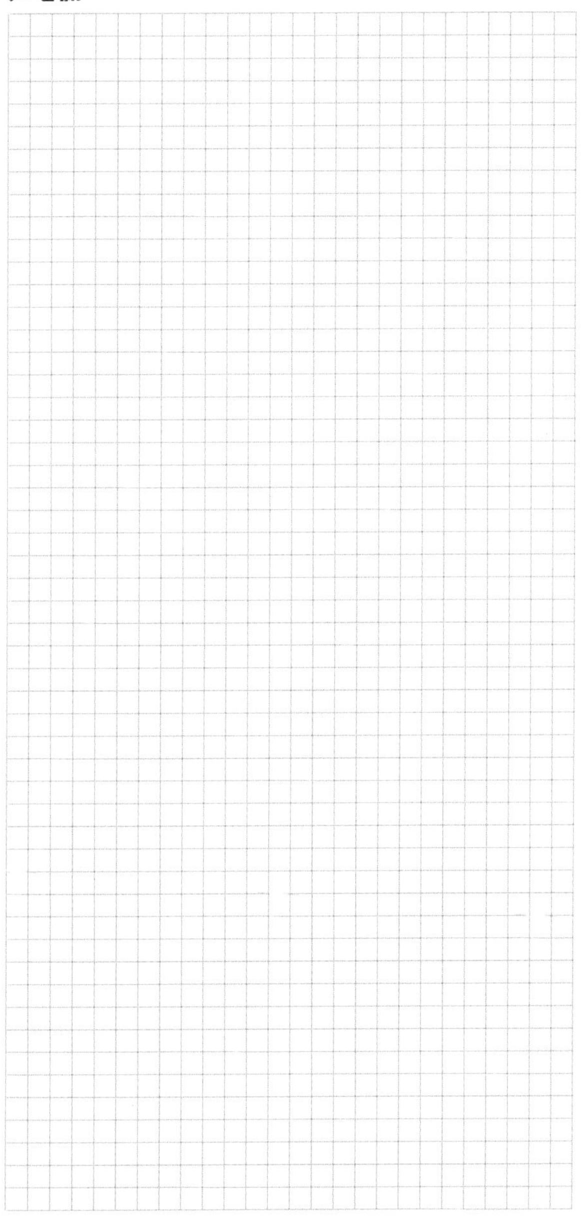

5章　トータルステーション（TS）の据付け

5-1　目的

トータルステーション（TS；Total Station）を代表例として器械の据付け法を身につける．

測量器械（トータルステーション等）は，地表に設置されている測量鋲等の測点の真上に水平に設置し観測を行う．測量器械が測点の真上からずれて設置された場合，また測量器械が水平に設置されていない場合，そのずれ量がそのまま測量誤差となる．測量器械を正しく設置する行為は，測量精度にそのまま反映されるため，非常に重要な作業である．

5-2　知識

5-2-1　据付けに必要な部位

使用頻度の高い部位名は正確に覚えておく必要がある．**図5.1**に使用頻度の高い部位の名称と注意点を示す．

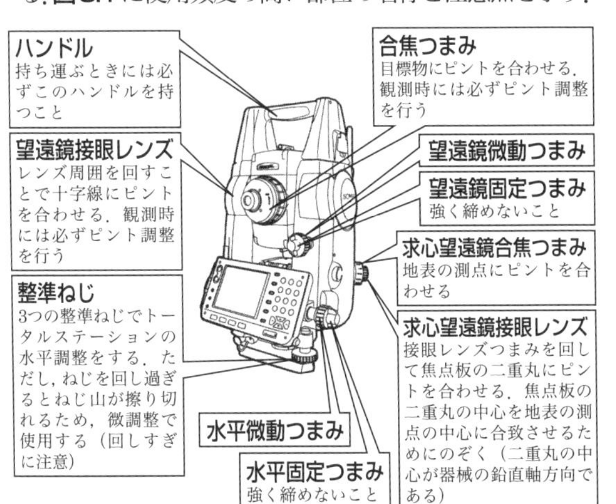

図5.1　使用頻度の高い部位名と注意点

5-2-2　望遠鏡の正位（せいい）と反位（はんい）

測角作業では，器械の水平軸誤差や視準軸誤差を消去するため，最低限，正位・反位の1対回（いっついかい）での測角を行う．正位は水平固定ねじが右手で操作できる位置にあるときをいい，反位は水平固定ねじが左手奥の位置にあるときをいう．

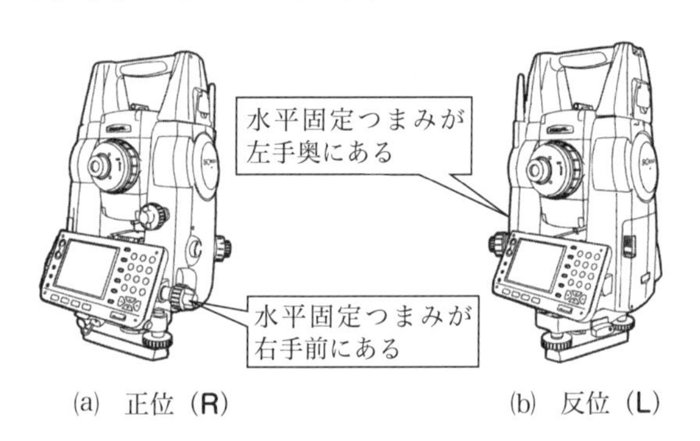

図5.2　望遠鏡接眼レンズ側からみた望遠鏡の正位と反位

5-3　使用器具

トータルステーション	1式
三脚	1本
測量鋲・明示板	1組
野帳，筆記用具	1式

5-4　実習手順

5-4-1 卓上で使用頻度の高いつまみの操作を確認する

① トータルステーションの箱を横にして，ふたを開ける．

② ハンドルと下盤を“必ず”両手で持ち，できるだけ水平な卓上に，下盤を下に静かに置く．

③ トータルステーションの各部位（**図 5.1**）を１つずつ指差し確認する.

④ バッテリーカバーを開き，バッテリーを入れ，カバーを閉める.

⑤ 望遠鏡の望遠鏡接眼レンズが手前にくるように望遠鏡を回転させる.

⑥ 対物レンズのカバーを外し，望遠鏡をのぞく．視野に入った風景で，合焦つまみを回してピントを合わせる.

⑦ 望遠鏡接眼レンズを回すことで，視野の十字線のピントを合わせる.

⑧ 望遠鏡をのぞくのをやめ，水平固定つまみを締める．水平固定つまみを締めたとき，トータルステーションの水平回転が固定されることを確認する.

⑨ 水平回転を固定したまま，再度望遠鏡をのぞく．望遠鏡をのぞきながら水平固定つまみの内側の水平微動つまみを回す．このとき，トータルステーションの水平回転が固定されたままでも水平回転の微動ができることを確認する.

⑩ 望遠鏡をのぞくのをやめ，水平固定つまみを緩める.

⑪ 望遠鏡固定つまみを回して，望遠鏡の鉛直回転が固定されることを確認する.

⑫ 望遠鏡の鉛直回転を固定したまま，再度望遠鏡をのぞく．望遠鏡をのぞきながら望遠鏡微動つまみを回す．このとき，望遠鏡の鉛直回転が固定されたままでも，鉛直回転の微動ができることを確認する.

⑬ 望遠鏡をのぞくのをやめ，望遠鏡固定つまみを緩める.

CHECK!!

卓上では求心望遠鏡をのぞいて何も見えないが，求心望遠鏡合焦つまみと求心望遠鏡接眼レンズつまみも望遠鏡と同様の操作でピント調節を行うことができる．

5-4-2　卓上で整準(せいじゅん)の操作を確認する

測量器械の鉛直軸をその地点の鉛直方向に合わせる作業のことを整準という．整準は，正三角形に配置された整準ねじを使って行うが，整準ねじの正しい動かし方を身につけると早く正確に整準ができる．

① **図 5.3** のように，卓上で横気泡管が自分の正面に来て，整準ねじ A・B と横気泡管が平行になるようにトータルステーションの下盤を静かに動かす．

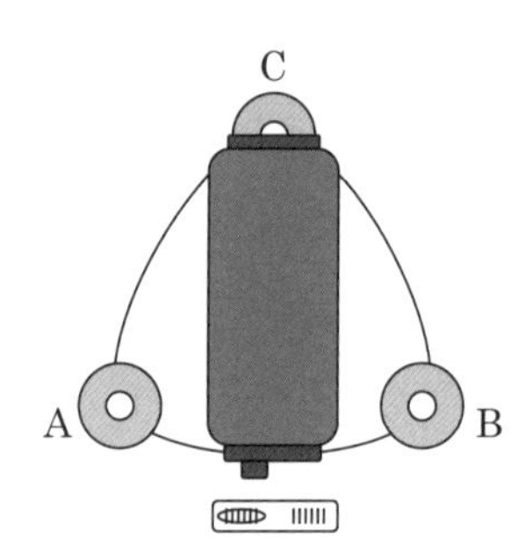

図5.3　整準ねじ A・B と横気泡管を平行にした状態

② 手前の 2 つの整準ねじ A・B を**図 5.4** のように動かし，気泡管が**図 5.4** のように動くことを確認し，気泡が中央に移動するように調整する．

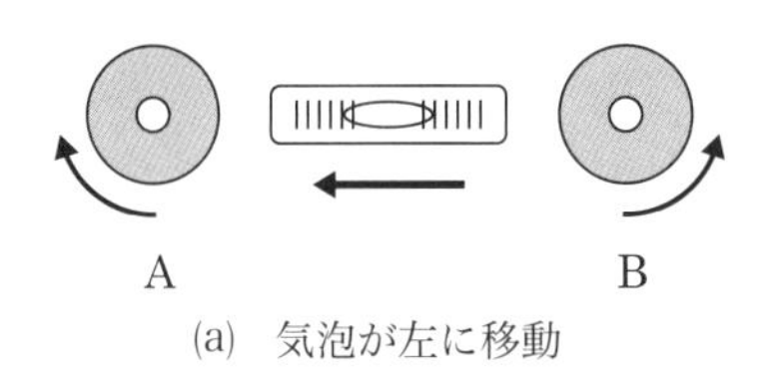

(a) 気泡が左に移動

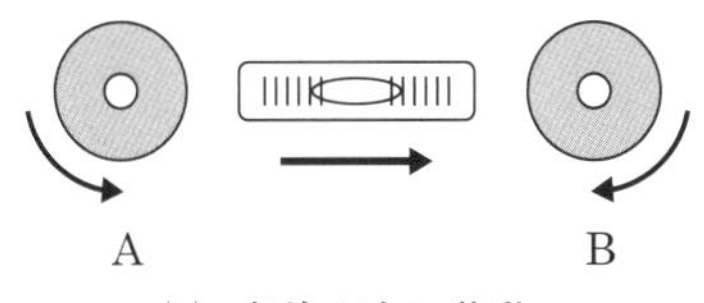

(b) 気泡が右に移動

図5.4 整準ねじ A・B の回転と気泡の移動方向

CHECK!!

横気泡管の気泡は，左手を動かす向きに動く．

③ トータルステーション上部を 90° 回転させ，A・B の整準ねじは触らずに C の整準ねじのみを**図 5.5** の実線と破線の矢印の向きに回すと，気泡管の気泡が**図 5.5** のように動くことを確認し，気泡が中央に移動するように調整する．

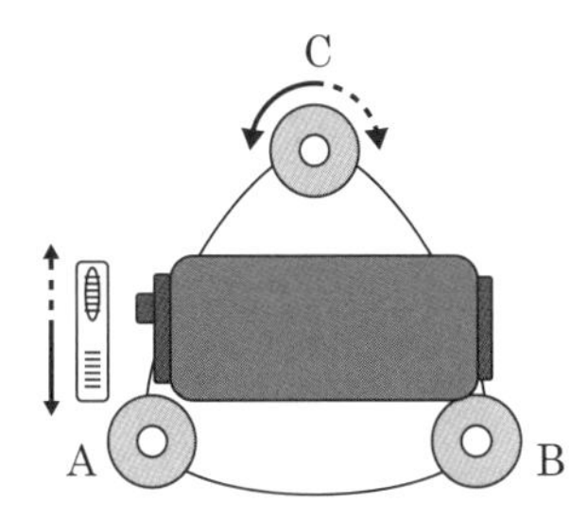

図5.5 整準ねじ C の回転と気泡の移動方向

④ トータルステーション上部をさらに90°回転させ，横気泡管の中の気泡が中央から動かないことを確認する．気泡が中央で止まらない場合は，再度②，③の操作を繰り返す．

ここまでの作業が終了したら，バッテリーを取り外し，トータルステーションを収納する．

5-4-3 トータルステーションの据付け練習

屋外の据付け練習を行う場所まで，トータルステーションと三脚を持って移動する．

CHECK!!

三脚は安全のため石突を上に向けた状態で担いで移動する．

据付け練習位置についたら，測量鋲を地表面に打ちつけ，求心（きゅうしん）の目印とする．

据付けは以下の手順に従う．

① 三脚の脚を伸ばす．このとき，三脚の伸縮調整ねじを緩め，脚頭を観測者のあご程度まで引き上げ伸縮調整ねじを固定する．三脚を据付けたときの理想的な高さは，トータルステーションを脚頭上に置いたときに観測者の目線より少し低い程度（1.5 mほど）がよい．

CHECK!!

適度な高さにより，観測者の疲労低減や無理な体勢での観測を防ぐことができる．

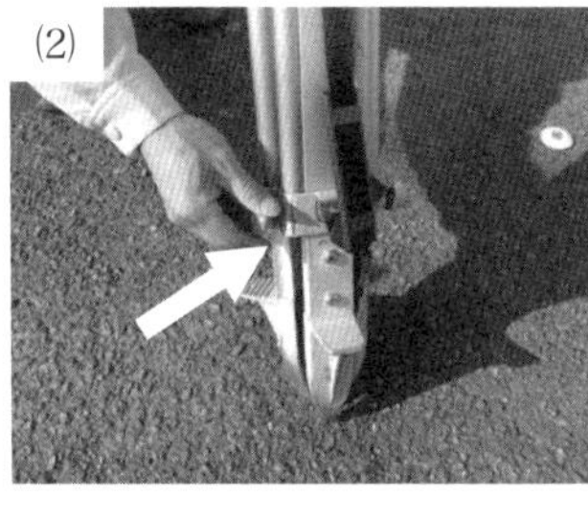

三脚の伸縮調節固定ねじを緩める

三脚を適度な長さに(あご程度まで)伸ばし，しっかりと伸縮調節固定ねじを締め，固定する

図5.6　三脚の高さ調整

ポイント
最適な高さに設置し，観測することで，測量精度が向上する!!

図5.7　設置時の理想的な高さ

② 三脚を据付ける．このとき，三脚の脚は，ほぼ等間隔に開き，脚頭がほぼ水平で観測点上の中心にくるようにバランスよく据付ける．据付け後，軽く石突を踏んで脚を地面に固定する．三脚を正しく据付けることで，以降の器械の設置がスムーズに行える．

CHECK!!

地面が土であろうと，アスファルトであろうと，コンクリートであろうと石突は必ず踏むこと．踏むことで脚が固定される．ただし，静かに踏むようにすること．

測量鋲の真上に脚頭の中心がくるように，かつ，水平となるように三脚を設置する

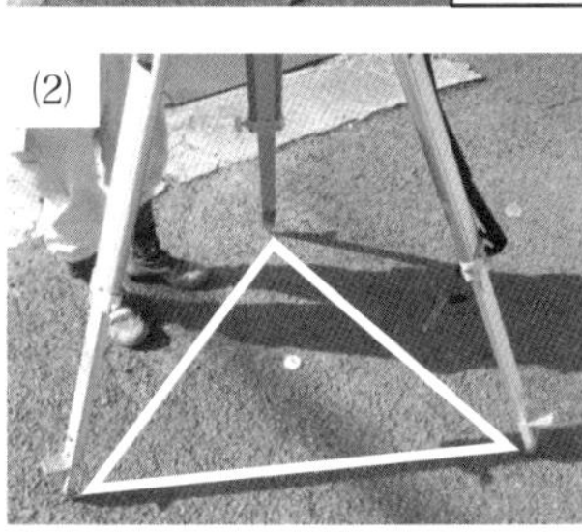

三脚の石突の位置が，ほぼ正三角形の頂点になるように設置する

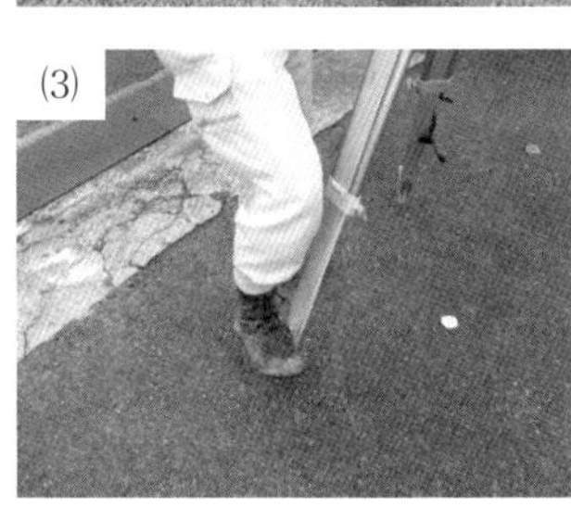

３本の石突を軽く踏んで，脚が動かないように固定する．この時点では軽く踏むぐらいでOK．最終段階でしっかりと踏み込み三脚と地面を固定する

図5.8　三脚の設置

③ トータルステーションを取り出す．まず，収納箱を開けて収納してある部品を確かめる．次にトータルステーションの固定ねじをすべて緩め両手で持って静かに取り出す．

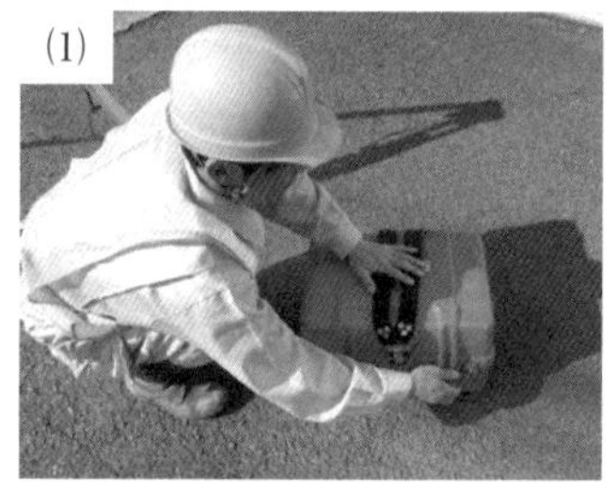

(1) 安全かつ安定している場所でトータルステーションの格納箱を開ける．車両が通行する場所や斜面上などは避けること

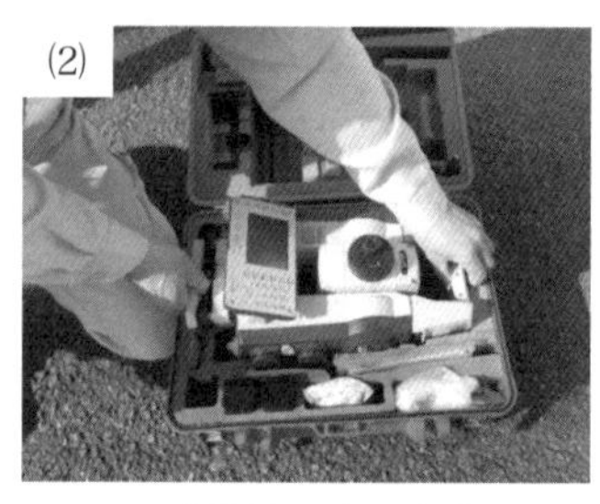

(2) トータルステーションを取り出すときには必ず水平固定ねじと望遠鏡固定ねじを緩め，両手でハンドルと下盤（底盤）を持ってゆっくりと取り出すこと

図5.9　トータルステーションの取り出し

④ トータルステーションを三脚の脚頭に固定する．このとき，トータルステーションを三脚の脚頭上に静かに置き片手でしっかりと支えながら，もう一方の手で定心桿（ていしんかん）を回して三脚とトータルステーションとを固定する．

CHECK!!

トータルステーションを三脚の脚頭に固定したら，収納箱のふたを速やかに閉めておく．

三脚の定心桿でトータルステーションを固定するときには，必ずトータルステーションのハンドルを持っていること

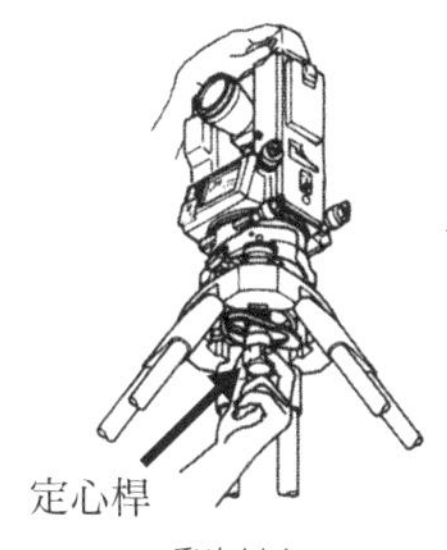

三脚の定心桿でしっかりと固定する

図5.10　定心桿によるトータルステーションの固定

⑤ 求心望遠鏡のピントを合わせる．まず，求心望遠鏡をのぞき，求心望遠鏡接眼レンズつまみを回して焦点板の二重丸にピントを合わせる．次に，求心望遠鏡つまみを回して測点にピントを合わせる．

求心望遠鏡合焦つまみを回し，地表の測点にピントを合わせる

求心望遠鏡接眼レンズつまみを回し、焦点板の二重丸にピントを合わせる

焦点板とは，求心望遠鏡接眼レンズをのぞくと見える下図のような二重丸のこと

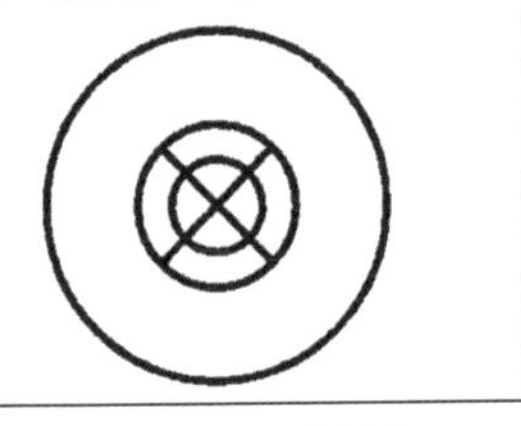

正しくピントを合わせないと，正しい求心ができない!!

図5.11　求心（きゅうしん）望遠鏡のピント合わせ

⑥ おおよその求心を行う．求心望遠鏡をのぞきながら，測点が求心望遠鏡の二重丸の中央付近に来るように三脚の２本の脚を動かしながら調整をする．

CHECK!!

下げ振りを使用しないでこの調整をすることは難しい．しかし，慣れると据付けが速く行えるようになる．片足のつま先をポイントゲージ（測量鋲・明示板）に置くと，求心望遠鏡の視野がよくわかる．

(1)

求心望遠鏡をのぞいたときに焦点板の二重丸のほぼ中央に測点があれば，この作業は必要ない

(2)

測点が二重丸から大きくずれている場合には，三脚の2本の脚を手で持ち上げ，持ち上げた2本の三脚の幅は変えずに，前後(1)または左右(2)に三脚を動かして測点を焦点板の二重丸のほぼ中央に合わせる

この脚は動かさないように注意する（固定）

図5.12　2本の三脚の脚の移動によるおおよその求心

⑦ 三脚を固定する．トータルステーションが測点のほぼ鉛直線上に在ることを確認しながら再度，石突を踏んで三脚をしっかりと地面に固定する．

CHECK!!

地面が土であろうと，アスファルトであろうと，コンクリートであろうと石突は必ず踏むこと．踏むことで脚が固定される．ただし，静かに踏むこと．

石突を踏んで脚をしっかりと地面に固定する．その際，必ず両手で三脚を持ち，転倒しないようにする

図5.13　三脚の石突の踏み込み

⑧ 整準ねじによる求心を行う．求心望遠鏡をのぞきながら，**5-4-2** の方法を参考に整準ねじを使い測点を求心望遠鏡の二重丸の中央に入れる．

求心望遠鏡をのぞきながら3 つの整準ねじを回し，測点の中心に焦点板の二重丸の中心を合わせる

図5.14　整準ねじによる求心

⑨ 三脚の脚を伸縮させ，円形気泡管の気泡を中央に入れる．このとき，円形気泡管の気泡が寄っている方向に最も近い脚を縮めるか，または最も遠い脚を伸ばして気泡を円形気泡管の中央に寄せ，さらに他の 1 本の脚の伸縮によって気泡を中央に入れる．

CHECK!!

- 伸縮させる三脚の操作は，円形気泡管がトータルステーション中央にあると思いながら操作する．
- 三脚の伸縮調節固定ねじを緩めるときには，必ず，空いている手で三脚をしっかり持って転倒しないようにすること．脚がトータルステーションの重さでいっきに縮む．
- 三脚の伸縮を行う場合は，動かす脚が不用意に動くことがあるため，必要に応じて石突を踏みながら伸縮を行う．

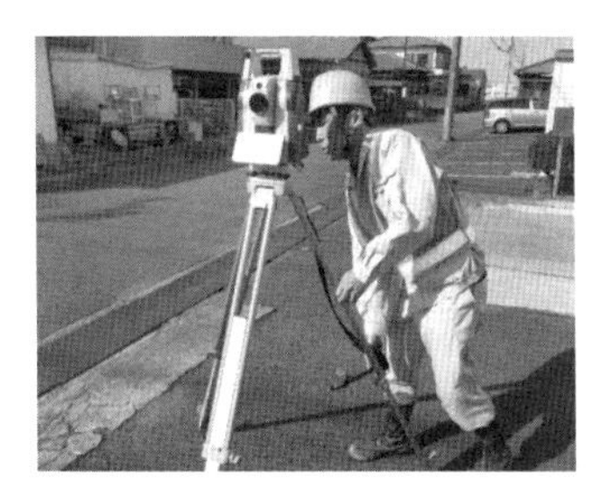

円形気泡管を見ながら，三脚の脚を伸縮させることで，トータルステーションを水平に設置できる

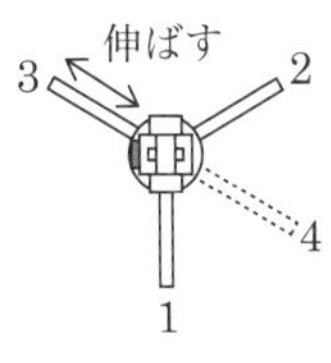

上から見た三脚

円形気泡管

図のように円形気泡管の気泡があった場合，最も近い脚4(仮想)がないため，最も遠い脚3を伸ばす

図5.15　トータルステーションの水平の調整

⑩ 定心桿(ていしんかん)の操作による求心を行う．再度，求心望遠鏡をのぞき，もし，測点が求心望遠鏡の二重丸の中央からずれていた場合，定心桿を少し緩め，求心望遠鏡をのぞきながらゆっくりとトータルステーションの下盤（底盤）を平行移動し，測点を求心望遠鏡の二重丸の中央に入れる．

CHECK!!

定心桿を緩めるときから，次に定心桿を締めるまでの手順の間，空いている手で必ずトータルステーションの下盤を支えていること．
転倒防止には十分気を使うこと．

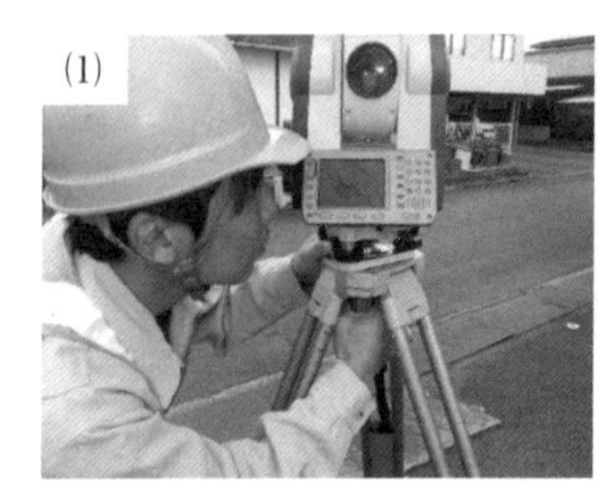

定心桿をゆっくりと緩める

求心望遠鏡をのぞきながら，トータルステーションをゆっくりと平行移動し，測点の中心に二重丸の中心を合わせる．合わせたら定心桿をしっかりと締める

図5.16　底板の移動による求心

⑪ 整準ねじを用いて整準する．トータルステーション上部を回転させて，横気泡管を整準ねじA，Bと平行にし，整準ねじA，Bを使って気泡を中央に入れる．次に，トータルステーション上部を90°回転させ，横気泡管が整準ねじA，B方向と直角になるようにし，整準ねじCを使って気泡を中央に入れる．

CHECK!!

整準の方法は，**5-4-2**の方法を参考にする．

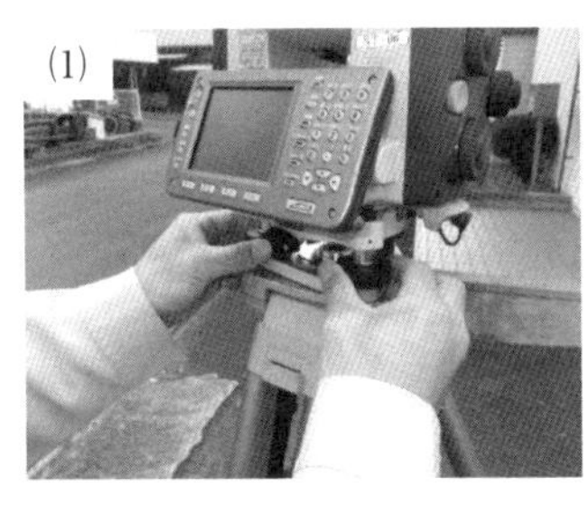

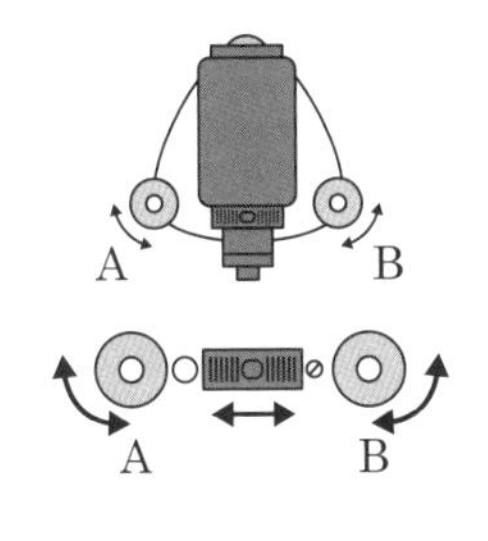

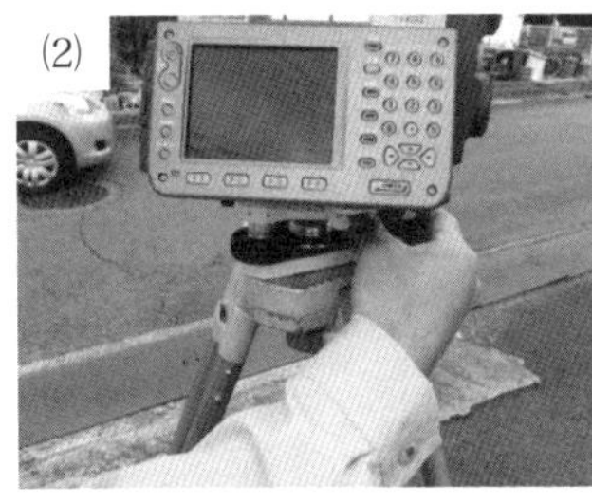

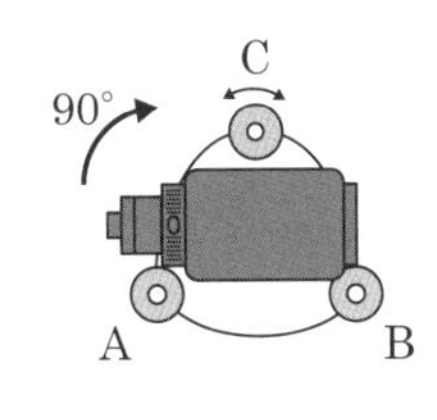

図5.17　トータルステーションの整準

⑫ 整準の確認を行う．トータルステーション上部を 90° 回転させ，横気泡管の気泡が中央のまま動かないことを確認する．気泡が中央にない場合には，⑪の作業を繰り返す．

(1)

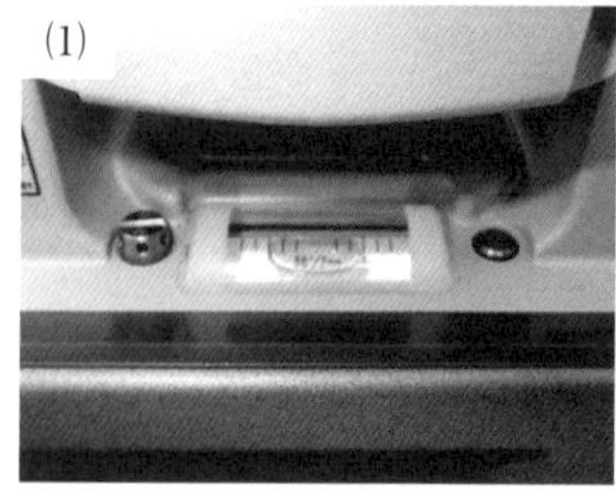

水平になっている状態

(2)

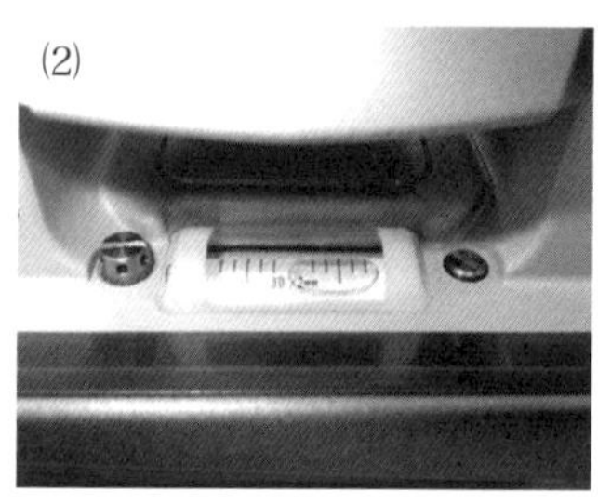

傾いている状態．
このような場合，整準ねじで水平になるように調整する

図5.18　横気泡管の状態

⑬ 再度，整準の確認を行う．トータルステーションの上部をゆっくり360°回転させ，どの方向でも横気泡管の気泡が中央にあることを確かめる．気泡が中央にない場合は⑪，⑫の整準作業を繰り返し行う．

トータルステーションをゆっくり 360°回転させ，常に気泡が気泡管の中央にあることを確認する

図5.19　整準の確認

⑭ 再度，定心桿による求心を行う．トータルステーションの整準の確認後，求心望遠鏡をのぞき，焦点板の二重丸の中心に測点の中心があることを確認する．ずれていた場合は，定心桿を少し緩め，求心望遠鏡をのぞきながら脚頭上でトータルステーションをゆっくりと平行移動させて二重丸の中央と測点の中心を合わせ，定心桿をしっかり締める．

(1)

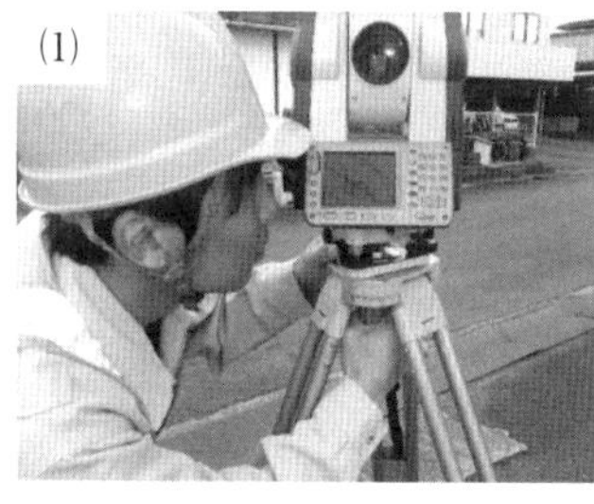

定心桿をゆっくりと緩める．その際，空いている手で必ず下盤（底盤，整準台）を支えていること

(2)

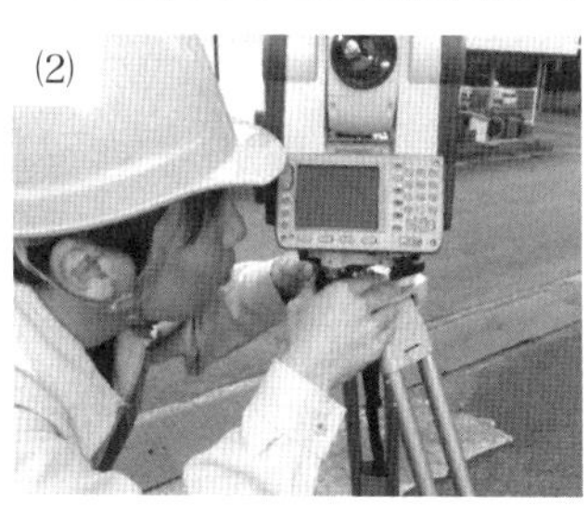

求心望遠鏡をのぞきながら，トータルステーションをゆっくりと動かし，測点の中心に二重丸の中心を合わせる．合わせたら定心桿をしっかりと締める

図5.20　求心の確認

CHECK!!

このときの求心では，定心桿ではなくシフティング固定ねじ（クランプノブ）を使用するトータルステーションもある．

⑮ 気泡が中央にない場合には，⑪～⑭の整準作業を繰り返す．

CHECK!!

測量器械の設置は，必ず測点の真上に位置しないといけない！ 器械は「水平かつ測点の真上」の条件を満たすようにすることが必要!!

5-4-4 トータルステーションの収納

① トータルステーションを収納する前に，調整時に回した整準ねじを指標線まで戻す．

CHECK!!

求心にシフティング固定ねじ（クランプノブ）を使用した場合は，トータルステーションを中央に戻した後で収納する．

② 対物レンズにカバーを取り付け，望遠鏡を立てて，水平固定つまみ，望遠鏡固定つまみを軽く固定する．

③ バッテリーケースを開け，バッテリーを取り外し，収納箱に収納する．

④ ハンドルを手で持ち，定心桿を外して，静かに収納箱に収納する．

CHECK!!

収納箱への収納の際には，トータルステーションの上盤と下盤に付いているマークを揃え，マークが上に来るように収納する．

⑤ 三脚は，脚を閉じて，脚頭を持ったまま静かに縮める．その後，三脚を横に倒してからバンドで脚を固定する．

5-5　課題

① トータルステーションの据付け（**5-4-3**）と収納（**5-4-4**）を合わせて10分以内に正確に行えるように練習する．

メモ欄

メモ欄

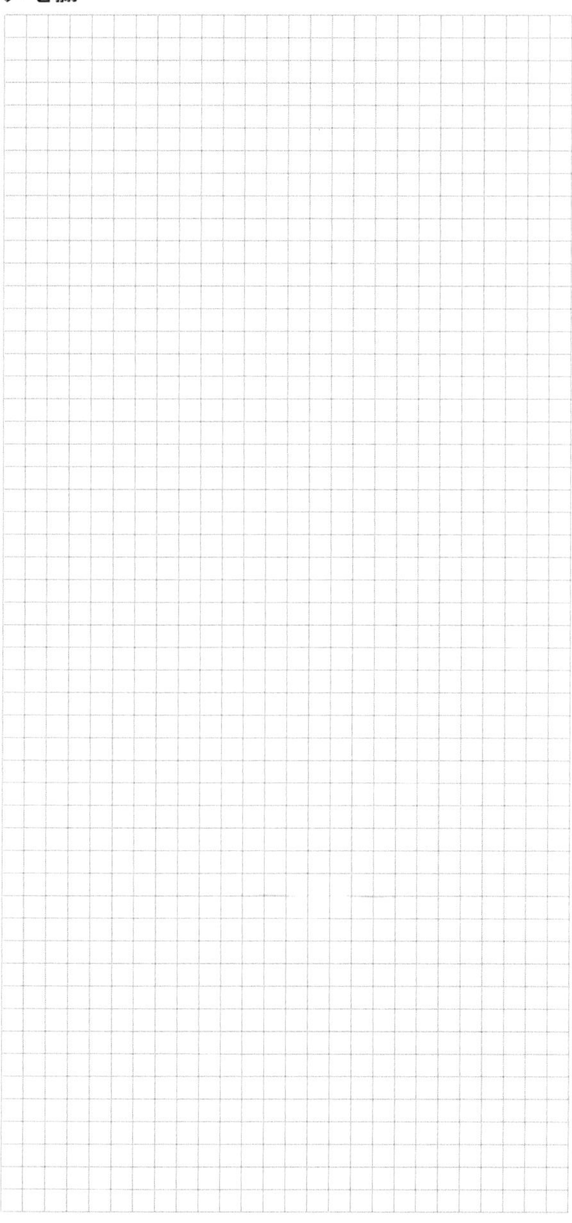

6章　角測量（水平角）

6-1　目的

トータルステーションを用いて2対回の方向観測法による水平角の観測方法を習得する.

6-2　知識

6-2-1　方向観測法

水平角の測定には,「**方向観測法，単測法，倍角法（反復法）**」があり，一般的には方向観測法を用いる.方向観測法は，方向法ともいい，ある特定の方向（これを0°輪郭という）を基準にして各方向までの角を一連に視準読定する方法である.

方向観測法による角測量では，望遠鏡の正（せい）・反（はん）観測により，視準軸誤差，水平軸誤差，目盛盤の偏心誤差などによる影響が除かれる.したがって，正確さを要求される基準点測量においては，正・反観測を行うのが原則である.

正・反1回の観測を1対回（いっついかい）観測（正位と反位の2回観測している状態）という.通常，基準点測量では，水平角を0°とした場合（0°輪郭という）の正・反観測と水平角を90°とした場合（90°輪郭という）の正・反観測を行う**2対回観測（正と反の4回観測している状態）を行う**.

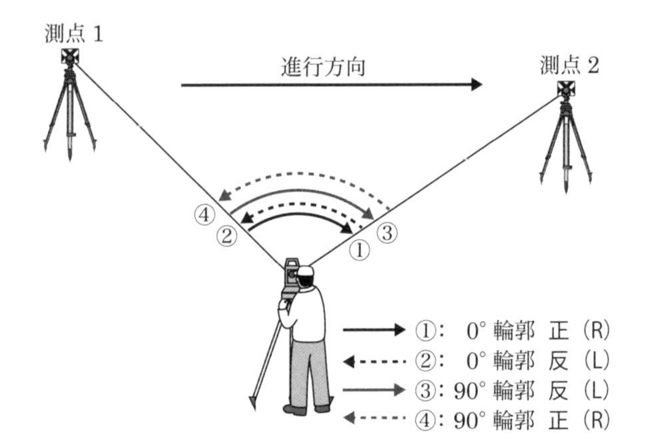

図6.1　2 対回方向観測法の概念図

6-2-2　視準点

トータルステーションにより角測量を行う場合，測距（そっきょ）を同時に行うことが多い．トータルステーション等に附属する光波距離計による測距を行う場合の視準点には，反射プリズムが用いられる．反射プリズムは，光波距離計から照射された測距光を光波距離計に返すための器械である．反射プリズムには，**図 6.2** に示すように整準台タイプ，ピンポールタイプがある．反射プリズムを視準するときは，**図 6.3**(a)のように反射プリズムの中央を視準する．

測距を行わず，角測量をする場合には，視準点にポールを立てる方法がある．ポールを視準するときは，**図 6.3**(b)のようにポールの石突きの先端にある測量鋲の中心を指し，測角時にはポールの先端（石突）を視準するようにする．

(a)　整準台タイプ

(b)　ピンホールタイプ

図6.2　反射プリズム

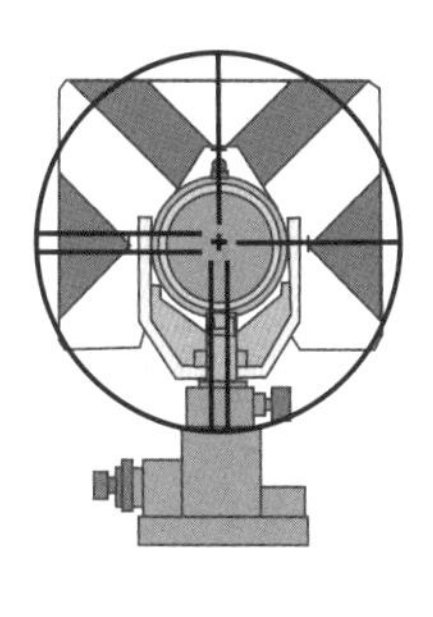

(a)　反射プリズム

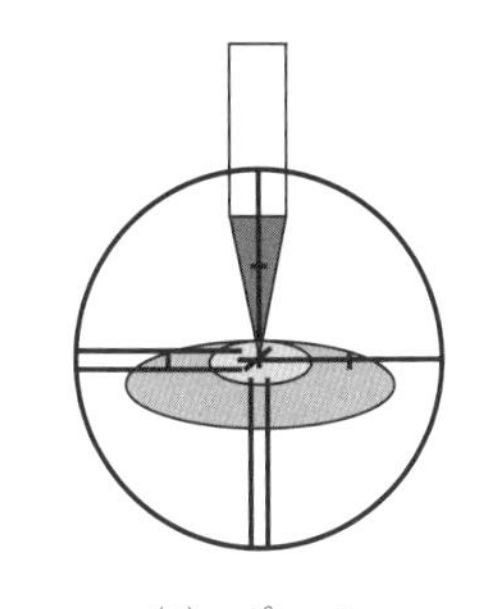

(b)　ポール

図6.3　測点の視準位置

6-3　使用器具

トータルステーション	1式
三脚	1本
測量鋲・明示板	3組
ポール	2本
野帳，筆記用具	1式

6-4 実習手順

6-4-1 トータルステーションの据付け

① 適当な地面を選び，観測点としての測量鋲を設置する．

② 5章「トータルステーション（TS）の据付け」を参考に，トータルステーションを据付ける．

③ 視準点A，Bとして，トータルステーションから60°以上の適当な位置に測量鋲を設置する．トータルステーションから見て左を視準点A，右を視準点Bとする．進行方向A→B.

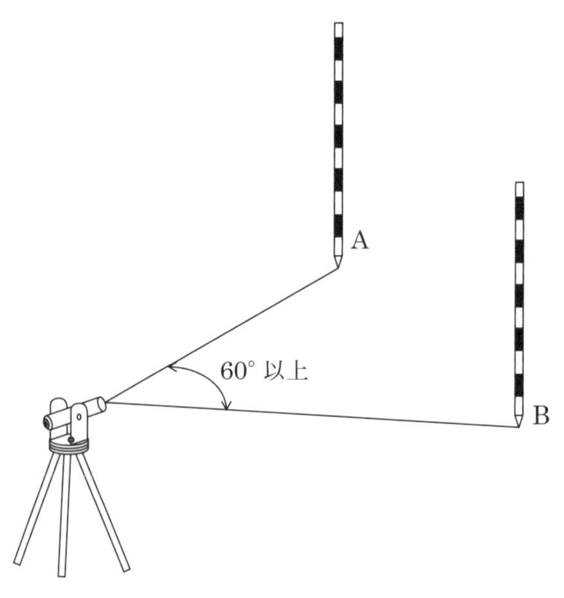

図6.4 角測量のための視準点の設置

6-4-2 水平角測量（1対回目）

① 野帳に「**測点名（等級と名称），B＝C＝P，器械の種類と器械番号，観測年月日，天候，風の強さ，観測者氏名，記帳者氏名，記録項目**」を記入する（B＝C＝Pについて，B：観測点，C：測量鋲の中心，P：目標点）．

② **（正；R）** 水平固定ねじが右手側（正位R）にあることを確認する．

③ **（正；R）** 視準点A方向を視準し，水平固定ねじを締め，微動ねじを使って精確に視準点Aを視準する．

④ **（正；R）** 水平角を0°01′10″にし，再度，視準点Aを視準する．ずれていたら微動ねじを使って正確に視準し，「**開始時刻，目盛（0°），望遠鏡の向き（正位；R），視準点番号，画面に表示された水平角**」を記入する．

CHECK!!

再度視準した結果，画面に表示された水平角が0°01′10″からずれた場合は，ずれた値を観測角に記入すること．

⑤ **（正；R）** 水平固定ねじを緩めて，トータルステーションを時計回りに回して視準点Bを視準する．

⑥ 「**視準点番号と画面に表示された水平角**」を野帳に記入する．

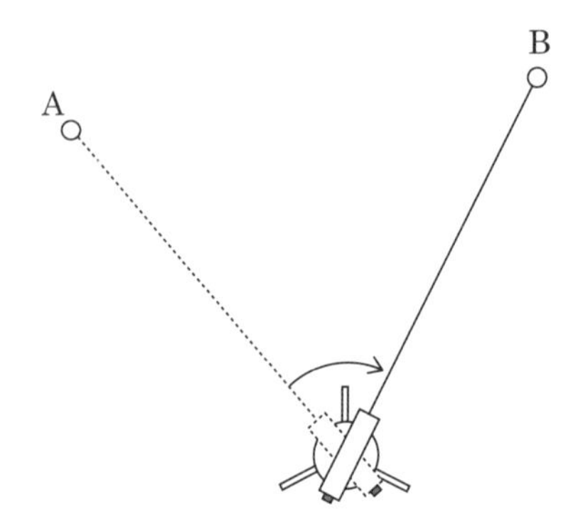

図6.5　正位における点 B の視準

⑦ **(反；L)** 望遠鏡を縦方向に反転させたのち，トータルステーションを反時計回りに回して再び視準点 B を視準し，「**望遠鏡の向き（反位；L)，視準点番号，画面に表示された水平角**」を野帳に記入する．

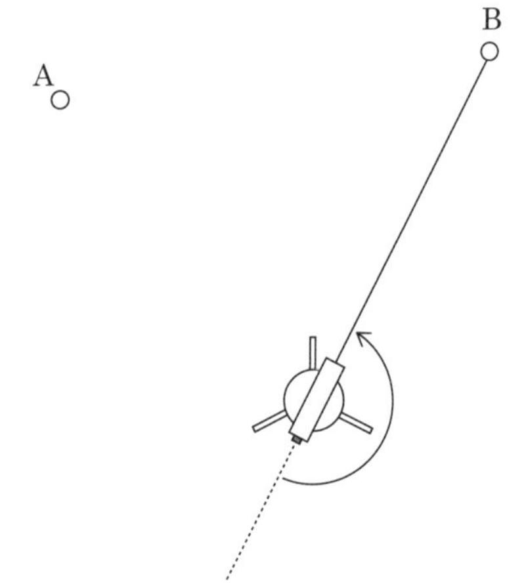

図6.6　反位における視準点 B の視準

⑧ **（反；L）** 水平固定ねじを緩めて，トータルステーションを反時計回りに回して視準点 A を視準し，「**視準点番号と画面に表示された水平角**」を野帳に記入する．

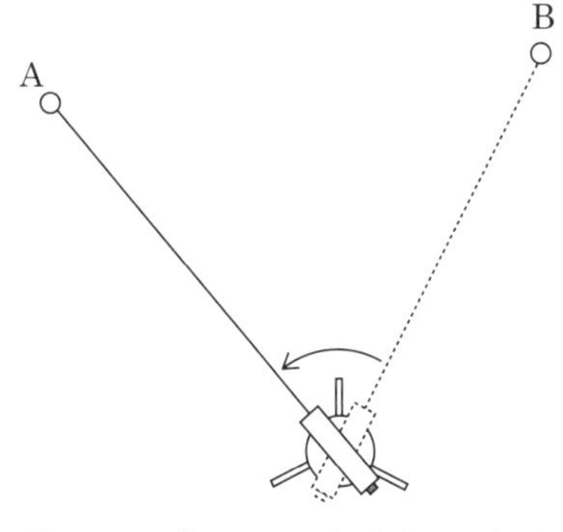

図6.7　反位における視準点 A の視準

⑨ 結果の項目に「正位・反位での測定結果」を計算して記入し，「**倍角，較差（かくさ，こうさ）**」を求め，野帳に記入する．

CHECK!!

・**倍角**：同じ1対回（いっついかい）内の結果における秒位の正位・反位の和＊

＊分位が異なるときは，小さい分位にそろえたときの秒位の和
ここでは，59′10″ と 58′50″ なので，
59′10″ → 58′70″ として計算して，
50＋70＝120″

・**較差**：同じ1対回内の結果における秒位の正位・反位の差
ここでは，
59′10″－58′50″＝58′70″－58′50″＝20″

表6.1　1対回目の野帳の記入例

測点O		B＝C＝P		器械：			
年月日：		天候：		風：			
観測者：				記帳者：			
時刻	目盛	望遠鏡	視準点番号	観測角	結果	倍角	較差
	°			°　′　″	°　′　″	″	″
13:40	0	R	A	0° 01′ 10″			
			B	53° 00′ 20″	52° 59′ 10″		
						120	20
		L	B	233° 00′ 20″	52° 58′ 50″		
			A	180° 01′ 30″			

6-4-3　水平角測量（2対回目）

① **（反；L）** 望遠鏡反位のまま，水平角を270° 01′ 10″にし，再度，視準点Aを視準し，ずれていたら微動ねじを使って正確に視準する．野帳に「**目盛（90°），望遠鏡の向き（反位；L），視準点番号，画面に表示された水平角**」を記入する．このとき，水平角がずれた場合は，ずれた水平角を野帳に記入する．

② **（反；L）** 水平固定ねじを緩めて，トータルステーションを時計回りに回して視準点Bを視準し，「**視準点番号と画面に表示された水平角**」を野帳に記入する．

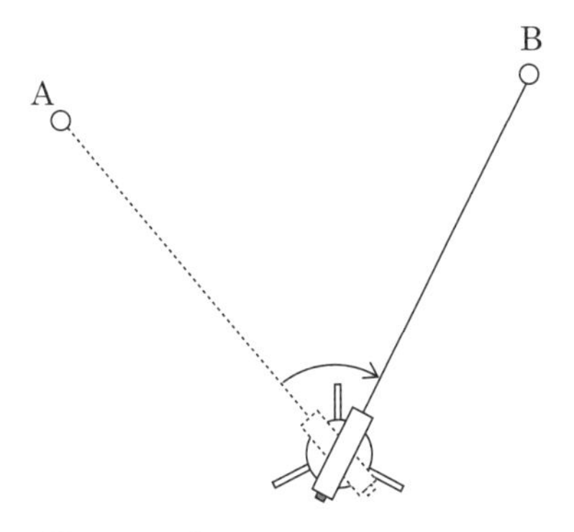

図6.8　反位における視準点 B の視準

③ **(正；R)** 望遠鏡を縦方向に反転させたのち，トータルステーションを反時計回りに回して再び視準点 B を視準し，「**望遠鏡の向き（正位；R），視準点番号，画面に表示された水平角**」を野帳に記入する．

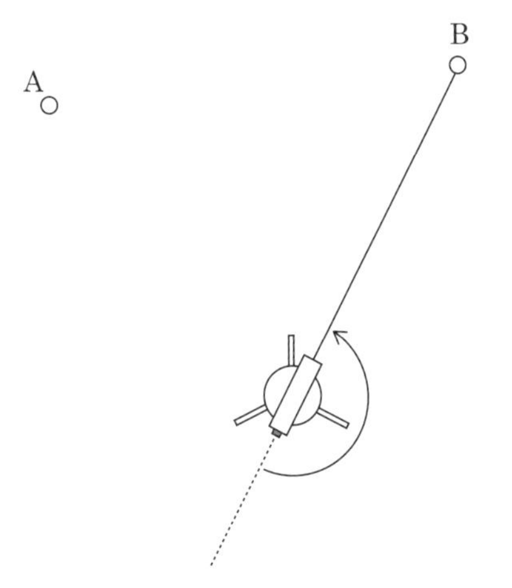

図6.9　正位における視準点 B の視準

序章
1章
2章
3章
4章
5章
6章
7章
8章
9章
10章
11章
12章
13章
14章
15章

④ **(正；R)** 水平固定ねじを緩めて，トータルステーションを反時計回りに回して視準点 A を視準し，水平固定ねじを固定する．その後，微動ねじを使って正確に視準点 A を視準し，「**終了時刻，視準点番号，画面に表示された水平角**」を野帳に記入する．

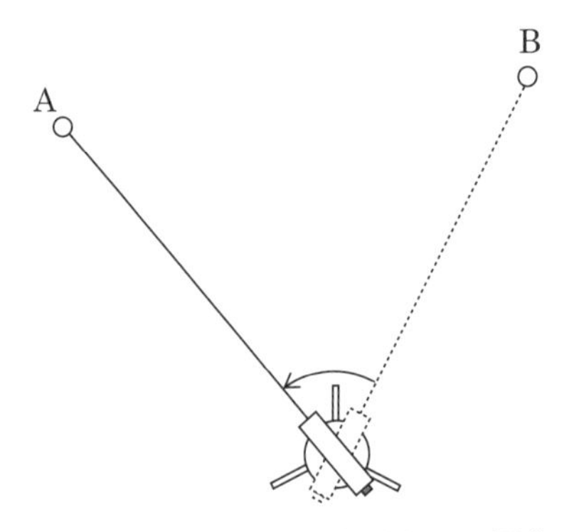

図6.10　正位における視準点 A の視準

⑤ 結果の項目に正位，反位の測定結果を記入し，倍角，較差を求める．

CHECK!!

・**倍角**：同じ 1 対回内の結果における秒位の正位・反位の和*

　*分位が異なるときは，小さい分位にそろえたときの秒位の和
　ここでは，59′10″ と 58′50″ なので，
　59′10″ → 58′70″ として計算して，
　50＋70＝120″

・**較差**：同じ 1 対回内の結果における秒位の正位・反位の差
　ここでは，59′10″－58′50″＝20″

表6.2　2対回目の野帳の記入例

測点O		B＝C＝P		器械：			
年月日：		天候：		風：			
観測者：				記帳者：			
時刻	目盛	望遠鏡	視準点番号	観測角	結果	倍角	較差
	°			° ′ ″	° ′ ″	″	″
13:40	0	R	A	0° 01′ 10″			
			B	53° 00′ 20″	52° 59′ 10″		
						120	20
		L	B	233° 00′ 20″	52° 58′ 50″		
			A	180° 01′ 30″			
	90	L	A	270° 01′ 10″			
			B	323° 00′ 30″	52° 59′ 20″		
						130	30
		R	B	143° 00′ 00″	52° 58′ 50″		
14:00			A	90° 01′ 10″			

6-4-4　倍角差，観測差を求める

① 野帳の水平角観測結果に「**測点，方向，中数，倍角差，観測差**」の各項目を記入する．

② 「**中数，倍角差，観測差**」を計算し，野帳に記入する．

CHECK!!

・**中数**：正反2対回計4回の測定値の平均秒位を，分位が小さな値にそろえて計算するとやや楽になる．
ここでは，結果が52°59′10″，52°58′50″，52°59′20″，52°58′50″であるため，分位58′にそろえて，(60＋10)″＋50″＋(60＋20)″＋50″＝250″
250″/4＝62.5″→63″
つまり，52°58′63"＝52°59′3"

・**倍角差**：全対回における倍角の差
・**観測差**：全対回における較差の差

---

③ ここで，許容範囲は4級基準点測量の許容範囲を適用し，倍角差が60°，観測差が40°より大きくなった場合は再測する．倍角差，観測差が規定値以内のときは，中数（観測結果の平均）を計算し記入する．

表6.3　野帳の水平角観測結果の計算

水平角観測結果				
測点	方向	中数	倍角差(60)	観測差(40)
		°　′　″	″	″
測点O	測点A	0° 00′ 00″	10	10
	測点B	52° 59′ 03″		

6-5　結果の整理

観測結果について，**表 6.3** を参考に整理する．

6-6　課題

① トータルステーションの器械誤差の種類を挙げて，0.5 対回（1 回の角測量）と 2 対回（4 回の角測量）で，どの誤差が消去されるか調べよ．

② トータルステーションを用いた観測には「放射観測」もある。放射観測について調べてまとめよ。

メモ欄

メモ欄

7章　角測量（鉛直角）

7-1　目的

トータルステーションによる鉛直角の観測方法を習得する．

7-2　知識

7-2-1　鉛直角モード

トータルステーションの鉛直角モードには，「**天頂角（天頂0°），高度角（水平0°），高度角（水平0° ± 90°）**」の設定モードがある．通常，**鉛直角の計測では天頂角**を用いて行われる．

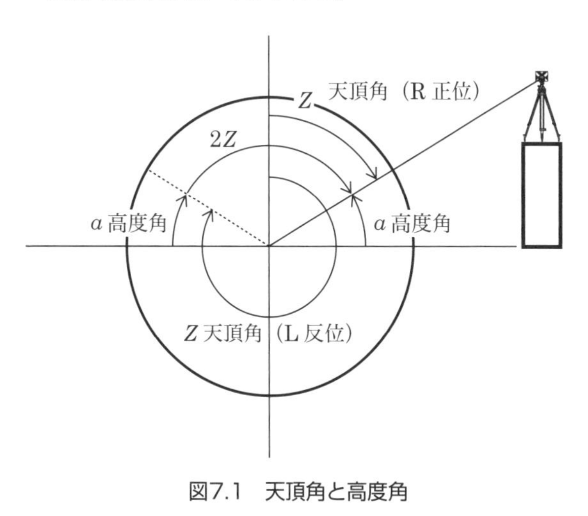

図7.1　天頂角と高度角

7-2-2　器械高と目標高

鉛直角を測定する場合は，必ず器械高 (i) と目標高 (f) を **m 単位で mm の位まで記入**しておく．データ整理の際，高さの調整における手間を少なくするために，器械高 (i) と目標高 (f) は一致させるのが望ましい．

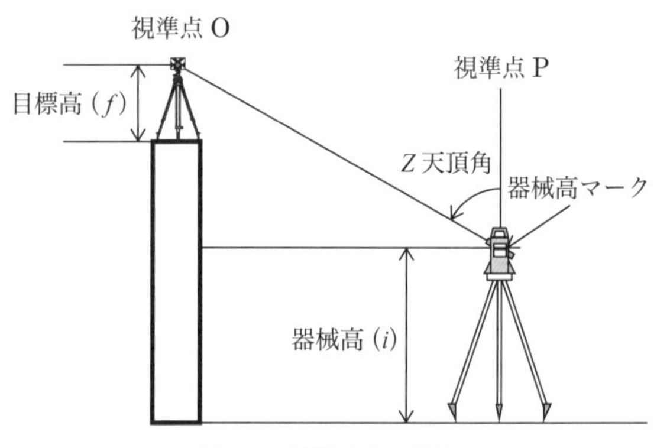

図7.2　器械高と目標高

7-3　使用器具

トータルステーション	1式
三脚	1本
測量鋲・明示板	1組
コンベックス（器械高の測定用）	1個
野帳，筆記用具	1式

7-4　実習手順

7-4-1　トータルステーションの据付け

① 適当な地面を選び，測量鋲を設置する．

② 5章「トータルステーションの据付け」を参考に，トータルステーションを据付ける．

③ 視準点 O および P を設定する．

CHECK!!

このとき，視準点O，Pは風などで動かない地物上に設定する．視準点に反射プリズムなどを設けることができない場合は，直接視準点を視準し，そのときの目標高（f）は0.000 mとする．

7-4-2　鉛直角測量（視準点O）

① **（正；R）** 水平固定ねじが右手側（正位；R）にあることを確認し，野帳に「**測点名，B=C=P，器械の種類と器械番号，観測年月日，天候，風の強さ，観測者氏名，記録者氏名**」を記入する．

② 器械高(i)と目標高(f)を計測する．器械高は，トータルステーション側面の器械高マークまでの高さをコンベックス等で計測する．目標高は，視準点に設置したターゲット（ミラー中心など）までの高さをコンベックス等で計測する．「**計測した器械高，目標高**」を野帳に記入する．

③ トータルステーション鉛直角の設定が**天頂角**になっていることを確認する．

④ **（正；R）** 測点 O を視準し，「**開始時刻，望遠鏡の向き（正位；R），視準点番号，画面に表示された鉛直角**」を野帳に記入する．

⑤ **（反；L）** トータルステーションを反時計回りに回して，望遠鏡を手前へ縦方向に回転させ反位にする．

⑥ **（反；L）** 再び点 O を視準し，「**望遠鏡の向き（反位；L），画面に表示された鉛直角**」を野帳に記入する．

⑦ 測定結果をもとに，「**$R+L$，高度定数，鉛直角（天頂角）Z，$2Z$，α**」を計算する．

CHECK!!

・$R+L$：同一視準点の（正位の観測角 (R)＋反位の観測角 (L)）

ここでは，

88°23′20″＋271°37′00″＝360°00′20″

・**高度定数**：$(R+L)-360°$

※高度定数には（＋，－）をつける．

ここでは，

360°00′20″－360°00′00″＝＋20″

・**2Z**：$R-L+360°$

ここでは，

88°23′20″－271°37′00″＋360°00′00″

＝176°46′20″

・**鉛直角（天頂角）Z**：$2Z/2$

ここでは，

176°46′20″÷2＝88°23′10″

・**高度角 α**：$\alpha=90°-Z$

ここでは，

90°00′00″－88°23′10″＝＋1°36′50″

7-4-3　鉛直角測量（視準点P）

① **（反；L）** トータルステーションを視準点Pの方角に向ける．

② **（反；L）** 水平固定ねじが左奥（反位；L）にあることを確認する．

③ **（反；L）** 視準点Pを視準し，「**望遠鏡の向き（反位；L），視準点番号，画面に表示された鉛直角**」を野帳に記入する．

④ **（正；R）** セオドライトを時計回りに180度回転し，望遠鏡を縦方向に反転させ正位；Rにする．

⑤ **（正；R）** 再び測点Pを視準し，「**測定終了時刻，望遠鏡の向き（正位；R），視準点番号，画面に表示された鉛直角**」を野帳に記入する．

⑥ 測定結果をもとに，「**$R+L$，高度定数，鉛直角（天頂角）Z，$2Z$，α**」を計算する．

7-4-4　測定の良否を判断する

① 高度定数の較差を求める．

ここでは，

高度定数の較差＝視準点Oの高度定数K－視準点Pの高度定数K

$$=+20''-(-20'')=40''$$

② 高度定数の較差が60″以内であることを確認し，60″より大きいときは再測する．

表7.1　野帳の記入例

測点O	B＝C＝P			器械：			器械高 (*i*) [m]
年月日：	天候：			風：			1400
観測者：				記帳者：			
時刻	望遠鏡	視準点番号	観測角	目標高 (*f*)	"2Z Z α"		高度定数差
			° ′ ″	[m]	° ′ ″		″
13:00	R	O	88° 23′ 20″		176° 46′ 20″		
	L		271° 37′ 00″	1400	88° 23′ 50″		
		R＋*L*	360° 00′ 20″		＋1° 36′ 50″		
	高度定数		＋20″				40
	L	P	277° 41′ 20″		164° 37′ 00″		
14:00	R		82° 18′ 20″	1400	82° 18′ 30″		
		R＋*L*	359° 59′ 40″		＋7° 42′ 30″		
	高度定数		－20″				

7-5 結果の整理

① 観測結果について，**表 7.1** を参考に整理する.

7-6 課題

① 各視準点で正反 2 回の鉛直角の測定をし，鉛直角 Z を求めることで，どのような誤差を消去できるか.

メモ欄

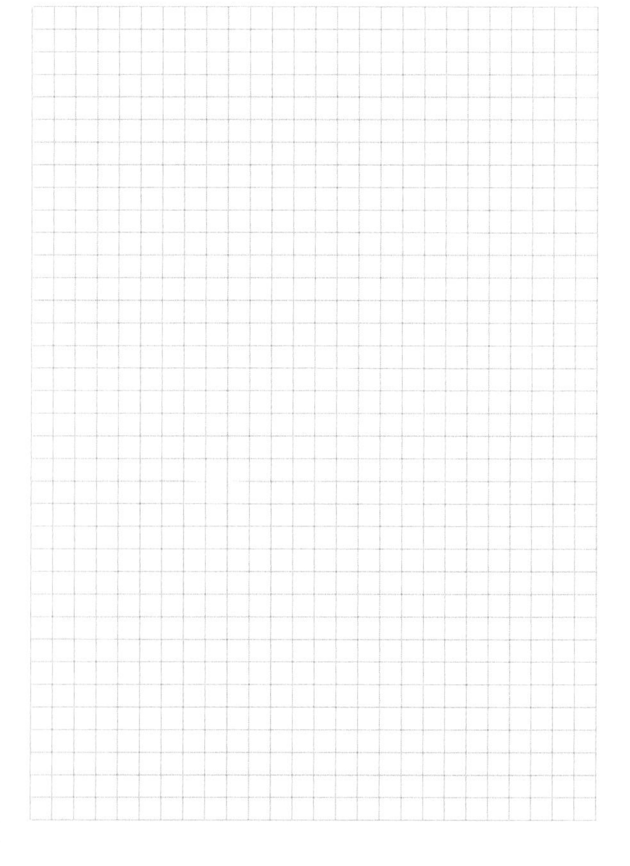

8章　オートレベルの点検

8-1　目的

オートレベルの据付け方法とレベルの点検方法を習得する．

8-2　知識

8-2-1　使用頻度の高いオートレベルの部位名称

使用頻度の高い部位名は正確に覚えておく必要がある．**図8.1** に使用頻度の高い部位の名称と注意点を示す．

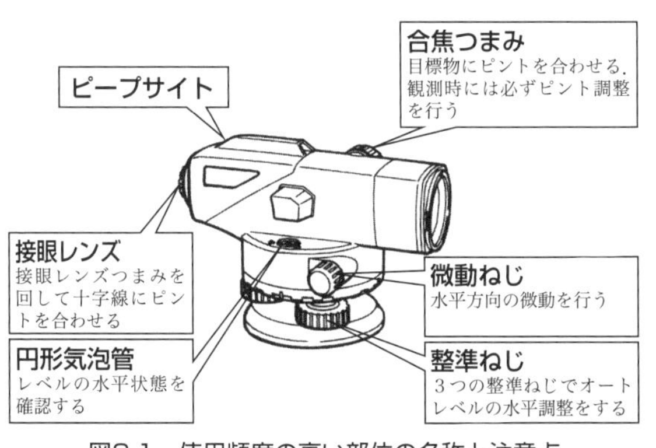

図8.1　使用頻度の高い部位の名称と注意点

8-2-2　オートレベルの点検

オートレベルによる水準測量は，**オートレベルの視準線が水平**であることが前提となる．このため，「円形気泡管，コンペンセータ，視準線誤差」の点検を行い，オートレベルが水準測量を行うのに適しているかを確認する．

① **円形気泡管の点検**：円形気泡管の水平性が保たれているかを確認する．

② **コンペンセータの点検**：補正可能範囲内でレベルが傾いてもコンペンセータが働いて自動的に視準線がもどることを確かめる．

③ **視準線誤差の点検**：不等距離法を用いて，視準線により測定した値の誤差がオートレベルの許容値の範囲内にあることを確認する．

8-2-3　不等距離法による視準線誤差点検の原理

図 8.2 のように視準点 A，B の中央で標尺 A，標尺 B を視準すると，視準線が水平の場合の読定値 a_1 と b_1 の読定値差 H_1 と，視準線がずれている場合の読定値 a_1' と b_1' の読定値差 H_1' はおおよそ等しくなる．

一方，**図 8.3** のように，測線 A，B の外側から標尺 A，標尺 B を視準すると，視準線が平行な場合の読定値 a_2 と b_2 の読定値差 H_2 は H_1 とおおよそ等しくなる．これに対し，視準線がずれている場合の読定値 a_2' と b_2' の読定値差 H_2' は H_1' と異なってくる．

つまり，読定値差の差を $H = |H_2 - H_1|$ とすると，H が小さければオートレベルの視準線の水平精度が高いことを意味する．H の値は，水準測量レベルによって許容値が**表 8.1** のように定められている．

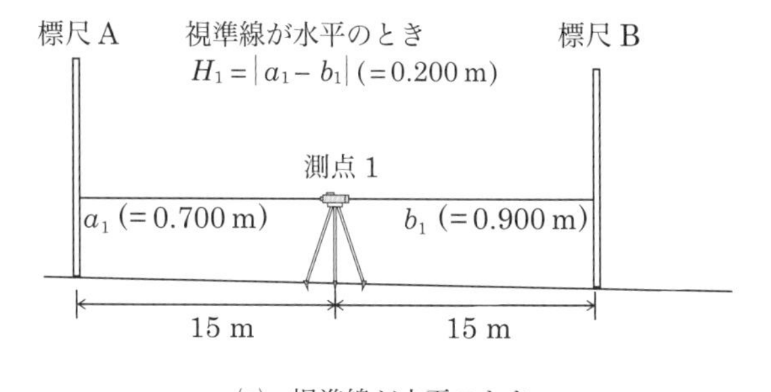

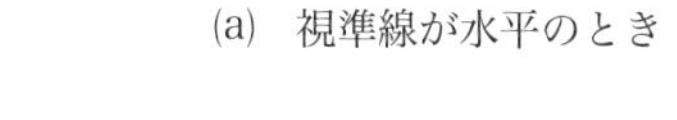

(a) 視準線が水平のとき

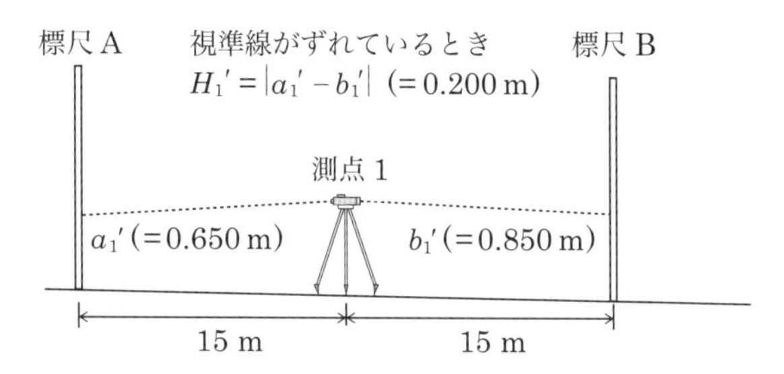

(b) 視準線がずれているとき

図8.2　不等距離法による中間点での視準

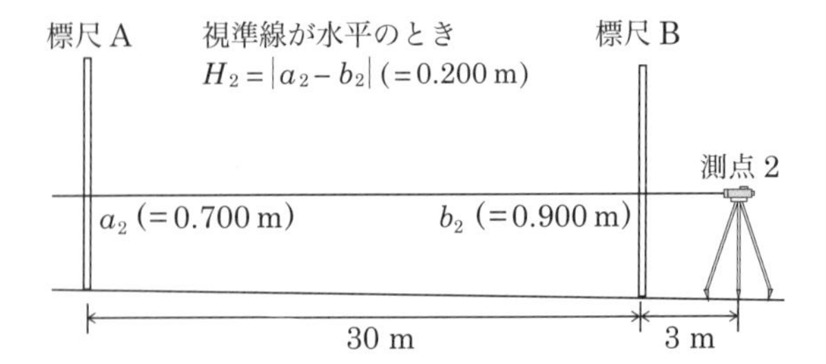

(a)　視準線が水平のとき

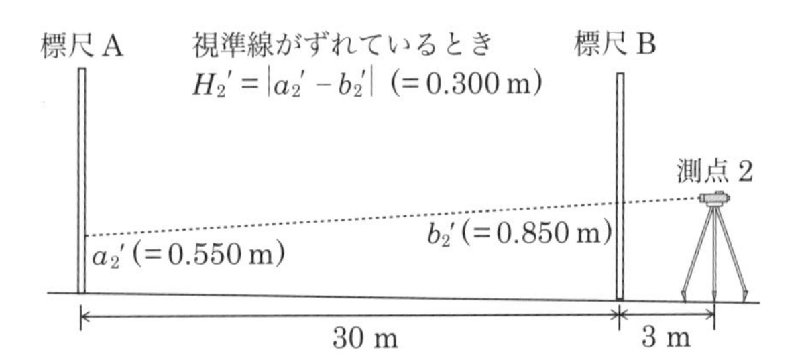

(b)　視準線がずれているとき

図8.3　不等距離法による外側からの視準

表8.1　視準線誤差の各級レベルの許容値

区分	1級レベル	2級レベル	3級レベル
許容範囲 [mm]	0.3	0.3	3
読定単位 [mm]	0.01	0.1	1

8-3 使用器具

オートレベル	1式
球面脚頭三脚	1本
測量鋲・明示板	4組
標尺台	2個
標尺（スタッフ）	2本
標尺用水準器	2個
繊維製巻尺（テープ）	1個
野帳，筆記用具	1式

8-4 実習手順

8-4-1 オートレベルの据付け

適当な地表面を選び，不等距離法（**図 8.2**）に用いる 30 m 間隔の視準点 A，B について，ガラス繊維製巻尺を用いて決定する．視準点 A，B および視準点の中間地点と視準点 B から外側に 3 m の地点に測量鋲を設置する．

視準点 A，B の中間地点の上にオートレベルを以下の手順で据付ける．

① 三脚の伸縮調整ねじを緩め，脚頭を観測者のあご程度まで伸ばし，伸縮調整ねじを締める．理想的な高さは，オートレベルを脚頭上に置いたときに観測者の目線より少し低い程度（1.5 m ほど）がよい．

CHECK!!

オートレベルの据付けは，適度な高さの調整により，観測者の疲労低減や無理な体勢での観測を防ぐことができる．

(1)

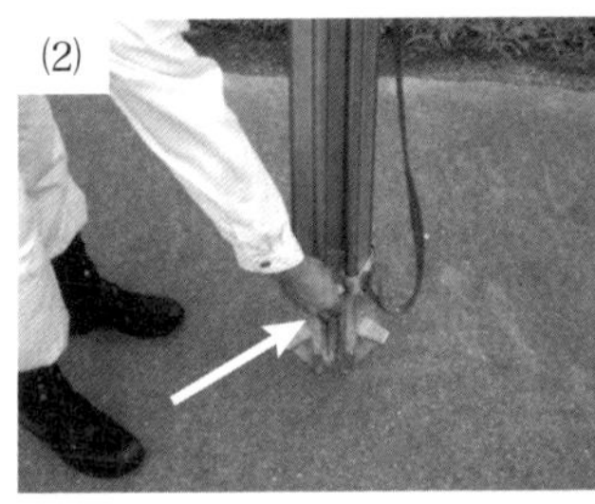
(2)

三脚の伸縮調節固定ねじを緩める

(3)

三脚頭をあご程度まで伸ばし，しっかりと伸縮調節固定ねじを締め，固定する

図8.4　三脚の高さ調整

② 脚頭が胸の高さ程度でほぼ水平になり，3本の脚がほぼ正三角形になるように均等に開き，石突を静かに踏み込んで三脚を固定する．

CHECK!!

オートレベルの点検の際には，測量鋲の直上にオートレベルを据付けるため，さげ振りを用いて三脚の位置を調整する．

序章
1章
2章
3章
4章
5章
6章
7章
8章
9章
10章
11章
12章
13章
14章
15章

(1)

観測に最適な高さは，レベルを脚頭に置いたときに望遠鏡接眼レンズが観測者の目線より少し低い程度が理想である

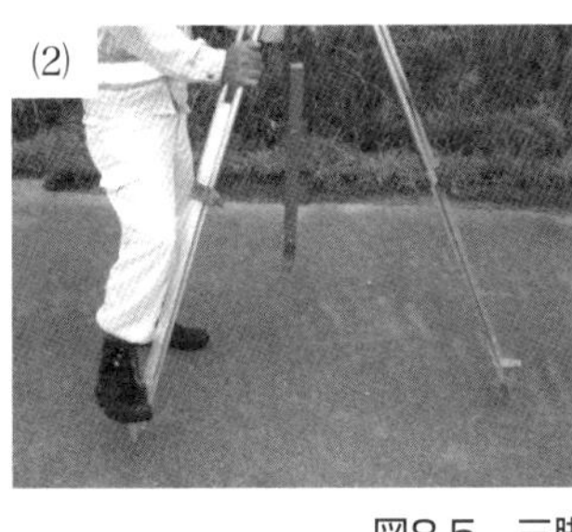
(2)

3本の石突を静かに踏んで，脚が動かないように三脚と地面を固定する

図8.5　三脚の設置

③ オートレベルを脚頭の上に載せて，オートレベルが動く程度に定心桿を軽く締める．片手でしっかりとオートレベルを持ち，球面脚頭上で滑らせ，オートレベルの円形気泡管の気泡が中心付近になるようにし，その後，しっかりと定心桿を締める．整準ねじの操作よりも，この定心桿による操作が速い．

CHECK!!

オートレベルを三脚に固定したら，器械の収納箱の蓋(ふた)を速やかに閉めておく．

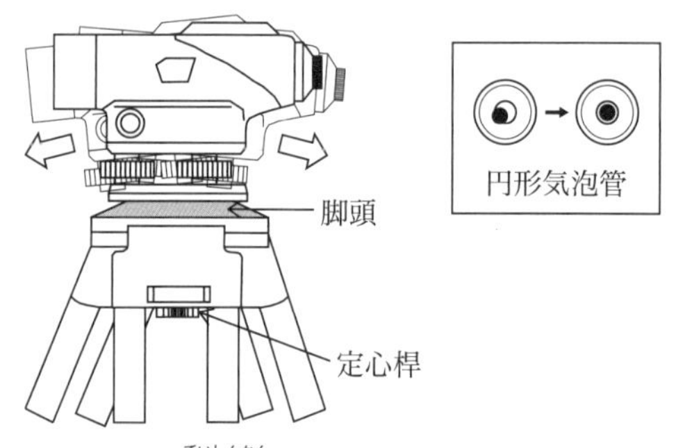

図8.6　定心桿(ていしんかん)によるオートレベルの固定

④ 定心桿(ていしんかん)を締めた後，オートレベルを回転させ円形気泡管の気泡のズレを調べ，ズレが大きい場合は3つの整準ねじで気泡の位置を調整する．

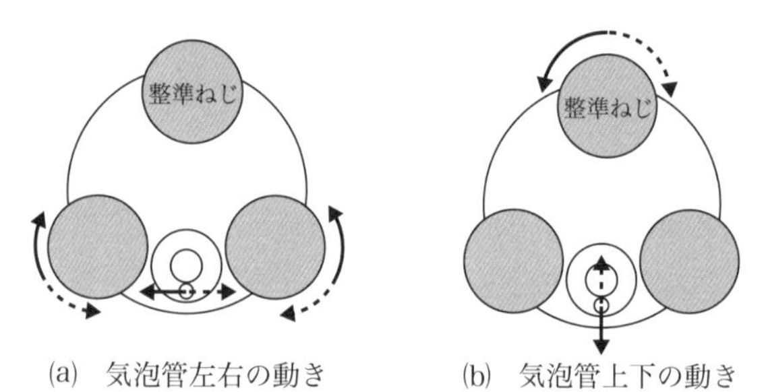

図8.7　整準ねじの回転方向と気泡の動き

CHECK!!

図8.7(a)では，気泡は左手の動く方向へ動く．

8-4-2　気泡管の点検

① 整準後，望遠鏡の向きを180°回転させる．

② 気泡管が移動しなければ正常である．

CHECK!!

オートレベルを180°回転させたときに気泡管が中央よりずれた場合は，気泡管調整ねじを用いて，「ずれた量の半分だけ」中央に寄せる．
その後，整準ねじを用いて気泡を中央に移動させ，再度オートレベルを180°回転し，気泡が移動しないことを確認する．
さらにずれがある場合は，上記を繰り返す．

8-4-3　標尺の設置

測量鋲が設置可能であれば，これを使用してよい．測量鋲を使用する場合は，標尺台は用いずに測量鋲の上に直接標尺を立てる．測量鋲の設置が困難な場合，または測量鋲の設置が必要ない場合は標尺台を設置して標尺を立てる．標尺台の設置法および標尺の立て方は以下の手順による．

① 視準点となる位置に，標尺台を置き，しっかりと標尺台を踏み込み地面に固定する．

(1) 標尺台を地面に置く．そのとき，交通の障害等になる場所や，動く可能性のある場所は避ける

(2) 標尺台をしっかりと踏み込み，地面に固定する

図8.8　標尺台の設置

② 標尺係は，測量鋲または標尺台の突起の上に標尺を立てて標尺用水準器を用いて標尺を鉛直に立てる．

CHECK!!

標尺係は視準するオートレベルに向かい合うように立ち，標尺の目盛がオートレベルに正対するように持つ．

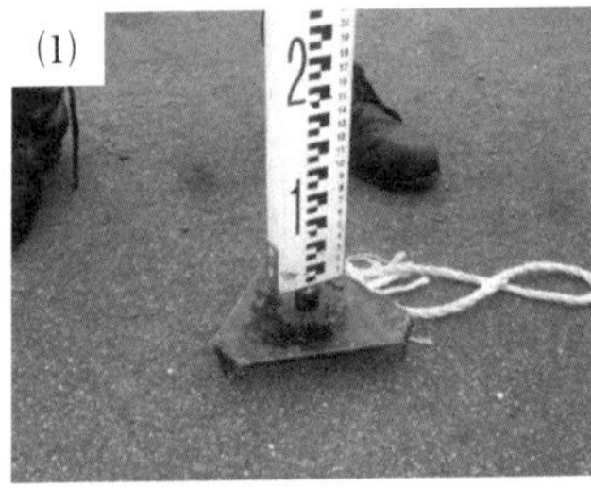

(1) 標尺台が動かないように，標尺を静かに載せる

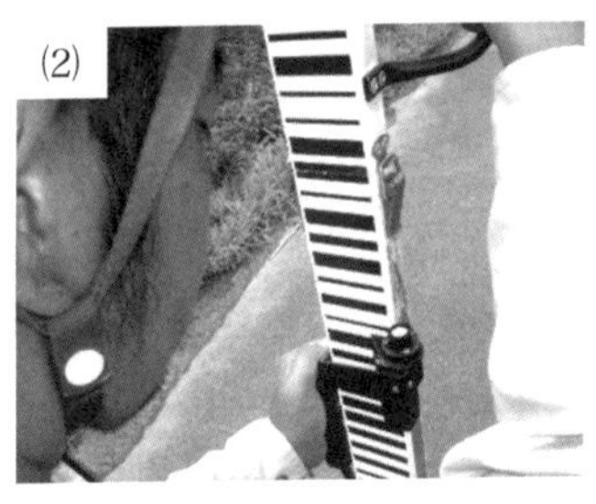

(2) 標尺を鉛直に立てるために必要な円形水準器を用いて，標尺を鉛直にする

(3) 観測中，常に標尺を鉛直に立て続ける必要はなく，観測者が観測開始直前に声を掛け，集中して鉛直に立てる

図8.9　標尺の設置

8-4-4　視準方法

① ピープサイトをのぞき，三角の目印の頂点が目標となる標尺付近にあたるようにオートレベルを水平回転させる．

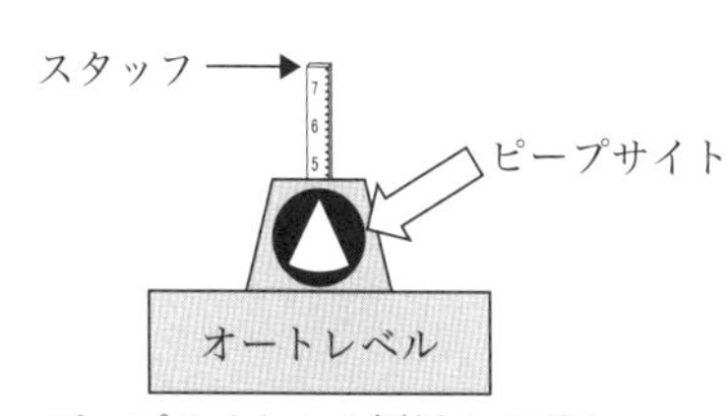

ピープサイトから標尺をのぞく

図8.10　ピープサイトによる目標の照準

② レンズ内の十字線のピントが合っていない場合は，接眼レンズを回して十字線のピントを合わせる．

③ 接眼レンズをのぞき，合焦つまみを回して視界のピントを合わせる．

④ 望遠鏡をのぞきながら目を少し上下左右に振り目標物に対して十字線が動かないことを確認する．

8-4-5　標尺の読み方

普通標尺の目盛は，中央に 2 ～ 10 mm 単位の黒白目盛，左に 0.1 m 単位の数字，右に cm 単位の数字が表示されている．ただし，読定値は mm 単位まで読む．

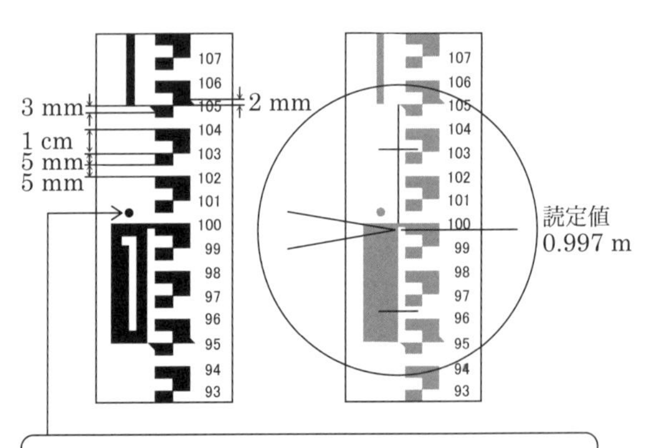

図8.11　標尺の読み方

8-4-6　コンペンセータの点検

① 繊維製巻尺を用い，30.00 m 離れた位置に視準点 A，B，測線 AB の中央（測点 1），測線 AB の測点 B から 3.00 m 外側（測点 2）に測量鋲を設置する．

② オートレベルを測点 1 に設置する（**図 8.2** 参照）．

③ 野帳に「**測点名，器械の種類，観測年月日，天候，風の強さ，観測者氏名，記帳者氏名，記録項目**」を記入する．

④ 標尺係は視準点Aに標尺を立て，標尺用水準器を用いて鉛直を維持する．

⑤ 測定者は標尺を 0.001 m 単位で測定し，この測定値Aを記録する．

⑥ ④の測定者がそのまま接眼レンズをのぞいている状態で，視準していない人が整準ねじの1つをすばやく動かし，気泡が気泡管内の「○」に接するまで移動させる．

⑦ このとき，視準している人は，移動した視準線がコンペンセータの働きによって元の位置に自動的に戻ることを確認する．

⑧ 視準点Aの標尺を再び測定し，この測定値A′を記録する．

⑨ ④の測定値A，⑧の読定値A′の差を求め，値に差がないことを確認する．

CHECK!!

測定値AとA′に差が生じる場合は，修理が必要である．

表8.2　野帳の記入例（コンペンセータの点検）

測点 O				器械：
年月日：			天候：	風：
観測者：				記帳者：
測線	測点	視準点番号	測定値[m]	測定値の差[m]
AB	1	a	1.010	
		a'	1.011	− 0.001

8-4-7　視準線の点検

① 繊維製巻尺を用い，30.00 m 離れた位置に視準点 A，B，測線 AB の中央（測点 1），測線 AB の測点 B から 3.00 m 外側（測点 2）に測量鋲を設置する．

② オートレベルを測点 1 に設置する（**図 8.2** 参照）．

CHECK!!

下げ振りを使ってオートレベルを測量鋲の真上に設置する．

---

③ 野帳に「**測点名，器械の種類，観測年月日，天候，風の強さ，観測者氏名，記帳者氏名，記録項目**」を記入する．

④ 標尺係は視準点 A，B に標尺を立て，標尺用水準器を用いて鉛直を維持する．

⑤ 測定者は標尺 A，B を 0.001 m 単位で測定し，測定値 a_1，b_1 を野帳に記録し，2 点間の高低差 $H_1 = a_1 - b_1$ を求める．

⑥ オートレベルを標尺 B から 3 m 離れた位置（測点 2）へ設置する（**図 8.3** 参照）．

⑦ 標尺 A および標尺 B を測定し，この測定値 a_2，b_2 を野帳に記録し，2 点間の高低差 $H_2 = a_2 - b_2$ を求める．

⑧ 高低差の差 $H = |H_1 - H_2|$ を求めて，その値が**表 8.1** の 3 級レベルの許容範囲を満たすか確認する．

表8.3　野帳の記入例（視準線の点検）

測点 O				器械：	
年月日：	天候：			風：	
観測者：				記帳者：	
測線	測点	視準点番号	測定値[m]	高低差[m]	高低差の差[m]
	1	a_1	1.032		
AB		b_1	0.983	0.049	
	2	a_2	0.963		
		b_2	0.912	0.051	0.002

8-5　結果の整理

測定結果を整理する．

8-6　課題

① 水準測量では，実習で行った観測による点検の他に各測量器械について機能点検がある．オートレベル，標尺，三脚，標尺台の機能点検項目を調べてまとめよ．

メモ欄

メモ欄

9章　オートレベルによる スタジア距離測量

9-1　目的

オートレベルの据付け方法とスタジア距離測量の基本を習得する.

9-2　知識

9-2-1　スタジア測量の原理

スタジア測量は，上下スタジア線間（i）と狭長（きょうちょう）（ℓ）を用いて，水平距離を求める測量である．精度は高くないが，地形に影響されることが少なく，作業性がよい．実習では，オートレベルを用いて上下スタジア線間 i と狭長 ℓ から水平距離を求める．

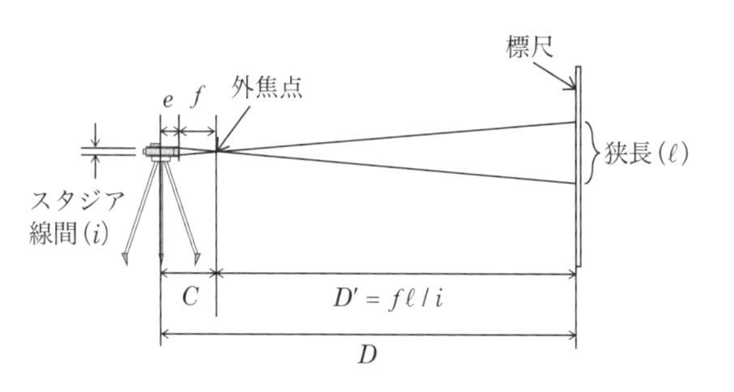

図9.1　スタジア測量の原理

図 9.1 にスタジア測量の原理の図を示す．ここで，i は上下スタジア線間，ℓ は狭長（きょうちょう），D は器械中心から標尺までの水平距離，e は器械中心から対物レンズの光心までの距離，f は対物レンズの焦点距離，D' は外焦点から標尺までの距離，C は e と f の和でスタジア加数と呼ばれる．このとき，

$$i : \ell = f : D' \tag{1}$$

より，

$$D' = \frac{f\ell}{i} \tag{2}$$

$D = D' + e + f$ より，

$$D = \frac{f\ell}{i} + (e + f) = K\ell + C \tag{3}$$

ここで，Kはスタジア乗数と呼ばれる．一般に，K＝100，C＝0である．

よって，スタジア測量においては，**図9.2**で読める**狭長（ℓ）を100倍した値**が，器械の中心位置から標尺までの距離となる．

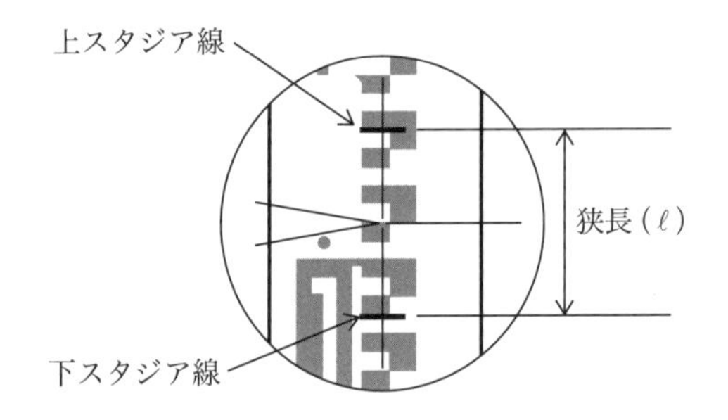

図9.2　スタジア線間（狭長）の読み

9-3 使用器具

オートレベル	1 式
球面脚頭三脚	1 本
測量鋲・明示板	6 組
標尺台	1 個
標尺	1 本
標尺用水準器	2 個
繊維製巻尺（テープ）	1 個
野帳，筆記用具	1 式

9-4 実習手順

9-4-1 測線の決定

① 比較的水平な地面に，繊維製巻尺を用いて 50 m の測線を取り，一端を測点 O として測量鋲を設置する．

② 図 9.3 の位置のように測点 O から 10 m おきに視準点を設け，測量鋲を設置する．

CHECK!!

測量鋲の設置が困難な場合は，チョーク等で印をつける．

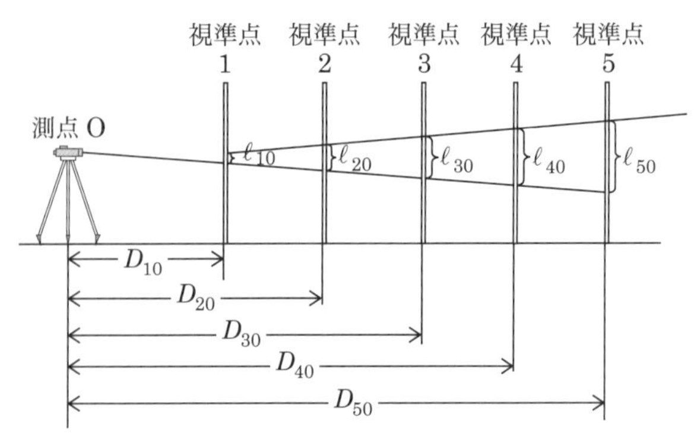

図9.3　視準点の位置の概念図

③ 野帳に，「**測点番号，器械の種類，観測年月日，天候，風の強さ，使用標尺の種類，観測者氏名，記録者氏名**」を記入する．

④ 野帳に，記録項目である「**スタジア線読み（上，下），狭長，スタジア計算距離，テープ測定距離，誤差 [%]**」を記入する．

⑤ 野帳に，各視準点番号と測点 O から各視準点までの巻尺測定距離を記入する．

CHECK!!

巻尺の読み取りは0.01 m単位でよい．

9-4-2　スタジア測量

① 測点 O の直上に下げ振りを用いてオートレベルを据付ける．

② 視準点 1 に標尺台を置き，標尺用水準器を用いて標尺を鉛直に立てる．

③ 測点 O から視準点 1 の標尺を視準し，上・下スタジア線の目盛を mm 単位まで読む．

④ 野帳に，上・下スタジア線の値を記録し，狭長（i）を計算し $K=100$，$C=0$ としてスタジア測量による計算距離 D′ (0.1 m 単位) を計算し，記録する．

⑤ 各視準点について②～④の手順を繰り返す．

表9.1　野帳の記録例

測点 O					器械：	
年月日：			天候：		風：	
標尺：アルミ製標尺			観測者：		記帳者：	
	スタジア線読み			スタジア計算	テープ測量	誤差
視準線No.	A	B	狭長[m]	距離[m]	距離[m]	$(D'-D)/D$ [%]
1	1.451	1.350	0.101	10.1	10.00	1
2					20.00	
3					30.00	
4					40.00	
5					50.00	

9-5　結果の整理

① 測定結果を整理する．

② 距離 D'（計算）と距離 D（テープ）を比較し，どのくらいの誤差があるか，それは距離 D とどのような関係にあるか考察する．

9-6　課題

①　視準点数 n と，器械中心から視準点 n までの距離，視準点 n での狭長 ℓ_n からスタジア乗数 K'，スタジア加数 C' を以下の式で求めることができる．

$$K' = \frac{n\left(\sum \ell D\right) - \left(\sum \ell\right)\cdot\left(\sum D'\right)}{n\left(\sum \ell^2\right) - \left(\sum \ell\right)\cdot\left(\sum \ell\right)} \qquad (4)$$

ここで，

$$C' = \frac{\left(\sum \ell^2\right)\left(\sum D\right) - \left(\sum \ell\right)\cdot\left(\sum \ell D\right)}{n\left(\sum \ell^2\right) - \left(\sum \ell\right)\cdot\left(\sum \ell\right)} \quad (5)$$

$$\sum D = D_1 + D_2 + \cdots + D_n$$

$$\sum \ell = \ell_1 + \ell_2 + \cdots + \ell_n$$

$$\sum \ell^2 = \ell^2{}_1 + \ell^2{}_2 + \cdots + \ell^2{}_n$$

$$\sum \ell D = \ell_1 D_1 + \ell_2 D_2 + \cdots + \ell_n D_n$$

このようにして求めた実測によるスタジア乗数 K' と，スタジア加数 C' と，器械性能によるスタジア乗数 $K=100$ と，スタジア加数 $C=0$ を比較し，考察せよ．

10章　オートレベルによる往復水準測量

10-1　目的

標高が既知の水準点から，標高が未知の測点までを往復水準測量し，未知の測点の標高を求める．

10-2　知識

10-2-1　昇降法による未知点の標高の求め方

図 10.1 を参考に既知の水準点（B.M.：ベンチマーク）から標高が未知の測点 P（仮 B.M.）の標高を求める場合を考える．

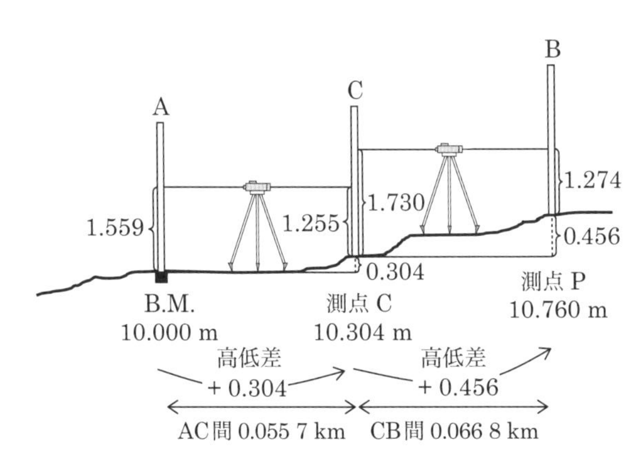

図10.1　昇降法の概念図

① 測線の距離が長い場合，中間点としての測点（ここでは測点 C）を設ける．

② B.M. と測点 C の高さの違いを調べたいとき，B.M. と測点 C の中間にレベルを据付け，標尺 A，C を視準する．目標の仮 B.M. である測点 P

に向かって進むとき，標尺 A を視準することを後視（B.S.；バックサイト），標尺 C を視準することを前視（F.S.；フォアサイト）という．

CHECK!!

図 10.1 の例では，B.M. と測点 C の高低差は，B.M.（1.559 m）－測点C（1.255 m）＝0.304 m，つまり測点Cの方がB.M.より0.304 m高いことがわかる．

③ これを繰り返して，求めたい測点 P まで高低差を測定する．

④ 仮 B.M. である測点 P の標高 H_{P} は，H_{P} ＝（既知の B.M. の標高）＋（測点 P までの高低差の和）で求めることができる．

⑤ 往復水準測量の場合，往復許容誤差は精度レベルによって，**表 10.1** のように決まっている．このとき，S は片道測線距離となるが，単位は [km] で計算し，計算した許容値の単位は [mm] で評価する．

CHECK!!

図10.1の例では，B.M.と測点Cの間の距離が0.055 7 km，測点Cと測点Pの間の距離が0.066 8 kmより，片道測線距離Sは0.122 5 km．
よって，4級水準測量は $20\sqrt{0.122\,5} \fallingdotseq 7$ mmの許容誤差となる．

表10.1　公共測量の各級往復水準測量の較差の許容範囲

1 級水準測量	2.5 mm$\sqrt{S}$
2 級水準測量	5 mm$\sqrt{S}$
3 級水準測量	10 mm$\sqrt{S}$
4 級水準測量	20 mm$\sqrt{S}$

10-2-2　器械に依存する誤差原因と消去対策

① 視準軸と水準器軸が平行でない場合の誤差

視準軸と水準器軸が平行でない場合，前視標尺の視準距離と後視標尺の視準距離が異なる（不等距離）と誤差が生じる（**図 10.2**）.

点検： 前出 **8-2-2** で説明した視準線の点検調整を行うことにより誤差の発生を軽減できる.

対策： 前視標尺の視準距離と後視標尺の視準距離を等しくすることにより，この誤差を消去できる.

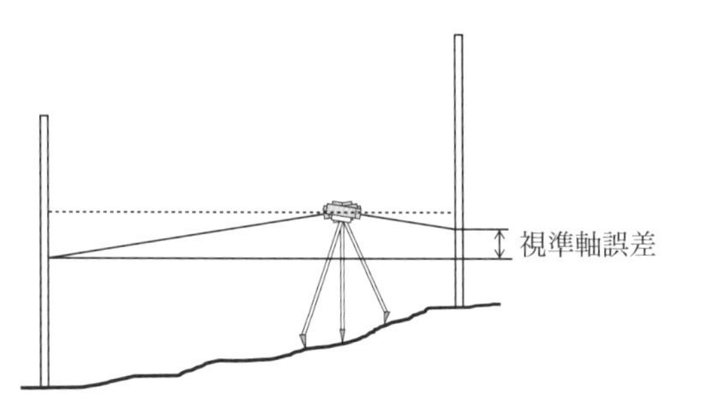

(a)　前視標尺と後視標尺の距離が等しくない場合

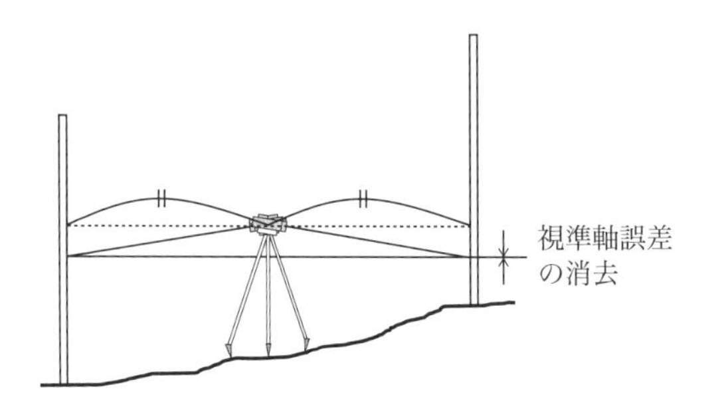

(b)　前視標尺と後視標尺の距離が等しい場合

図10.2　不等距離と視準軸誤差

② オートレベルの円形水準器の未調整による誤差

オートレベルの円形水準器が未調整や，軸の磨耗などにより鉛直軸が鉛直でない場合，鉛直軸が傾き，鉛直軸誤差が生じる（**図 10.3**(a)）．

点検：前出 **8-4-2** で説明した円形気泡管の点検調整を行うことにより誤差の発生を軽減できる．

対策：鉛直軸誤差を消去するには前視と後視で同じ傾きで測定すれば良い（**図 10.3**(b)）．具体的には，**図 10.4** のように，三脚の特定の１本の脚を常に観測軸に垂直になるようにし，他の２本の脚を常に観測軸に平行になるように設置することで消去できる．

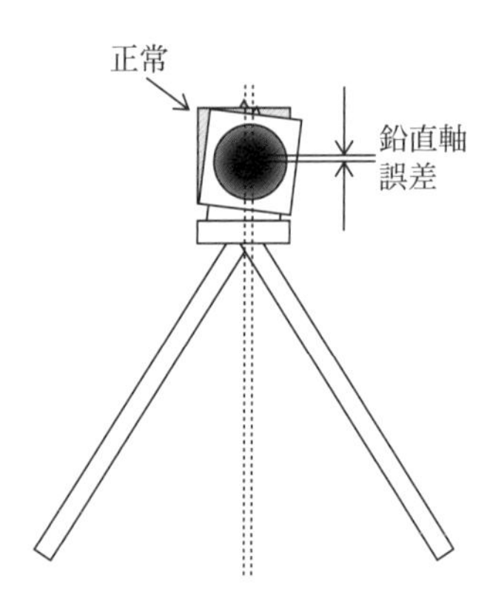

(a) 正常な鉛直軸に対する傾いた鉛直軸の鉛直軸誤差

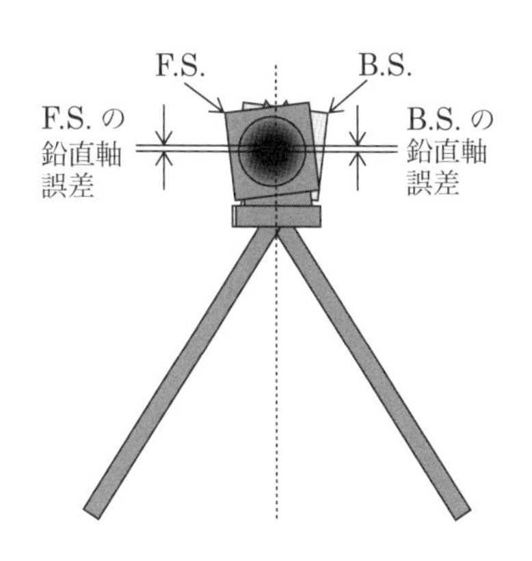

(b) 前視と後視の誤差を同じにする鉛直軸誤差消去

図10.3　鉛直軸誤差と前視・後視による消去

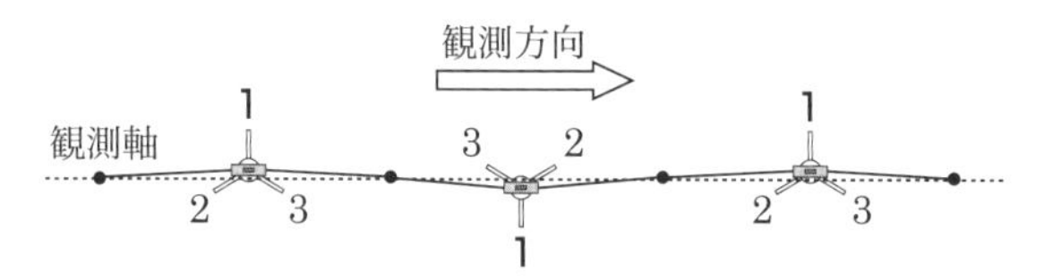

図10.4　脚を一定方向に置くことでの鉛直軸誤差消去

③ コンペンセータ（自動補償装置機構）の吊り方の特性による誤差

オートレベルの水平な視準線は，コンペンセータを鉛直にすることで得られる．コンペンセータを鉛直にするには，通常，円形水準器の気泡を中央に導き，コンペンセータ機能の作動有効範囲内に整準すればよい．しかし，コンペンセータの吊り方の特性として鉛直軸が完全に鉛直でない限り，コンペンセータの鉛直性は確保されない．そのため，オートレベルの水平な視準線は得られず，誤差が生じることがある．

点検：前出 **8-4-6** で説明したコンペンセータの点検調整を行うことにより誤差の発生を軽減できる．

対策：この誤差は，円形水準器を正しく調整し，整準するときには望遠鏡を常に同じ標尺に向けて正確に行う（気泡を正確に中央に導く）ことで小さくできる．

④ 標尺の円形水準器の未調整による誤差

標尺の円形水準器の未調整の場合は標尺が傾き，傾斜地では，常に下側標尺は上側標尺より傾き誤差が大きくなる．したがって，比高を大きくする誤差を生じ，観測方法により消去する方法はない．

対策：平坦地の場合は偶数の観測点数及び往路観測と復路観測時に，出発点で異なった標尺を用いることにより誤差を小さくすることができる．

⑤ 標尺の零点誤差

標尺の底面が零目盛りにならず，いわゆる「ゲタ」をはいた零点誤差がある場合，その分の誤差が生じる．

対策：この誤差は観測点数を偶数にすることにより消去できる．

⑥ 標尺目盛り誤差

標尺目盛りに誤差がある場合，当然，誤差原因となる．

対策：往路観測と復路観測時に標尺を換えることにより目盛り誤差を小さくできる．

10-2-3　気象条件に依存する誤差原因と消去対策

① 大気の屈折（レフラクション）による誤差

これは，水準測量に限らず大気中の電磁波（光波）伝搬を基にした測定に生じる宿命であり，大気の屈折率に伴う誤差である．太陽熱により地面が加熱されると，地表面付近で光路に激しい屈折が生じ，水準測量の大きな誤差となる．地表面が加熱しているため地表付近の気温が高くなる．気温が高いことによって空気密度が小さくなり，光の時間的最短距離は地表付近を通過することになる．その結果，**図 10.5** に示すように，地表に近い方の標尺目盛りが大きく読定される．そのため，一定の傾斜地では比高を小さくする誤差となる．

対策： 地表面付近の視準を避けることにより，この誤差の影響を避けることができる．一等（1 級）水準測量では 20 cm 目盛以下の視準が禁止されている．国によっては 50 cm 目盛以下の読定を禁止しているところもある．

大気の屈折による誤差は視準距離の平方に比例するといわれているので，視準距離を可能な限り短くすることにより誤差を小さくすることができる．また，陽炎（かげろう）により目標が大きく揺らぐときは，視準距離を通常より短くする必要がある．通常の視準距離は 50 〜 70 m であるが，地殻変動検出のための精密水準測量では 40 m の視準距離となる．

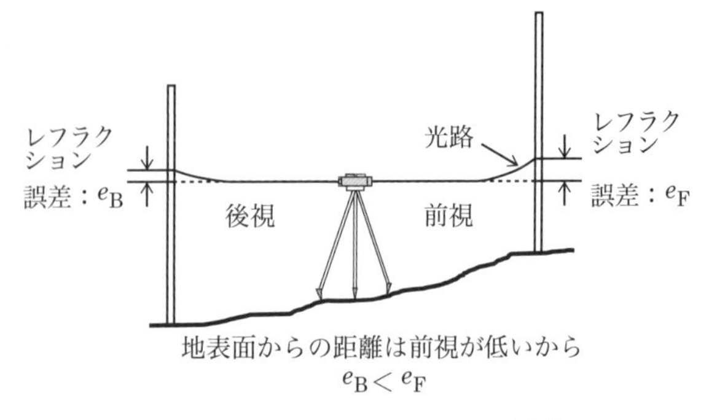

図10.5　レフラクションによる誤差

② 器械・標尺の浮沈による誤差

夏場などに路面が熱せられアスファルトなどの路面が軟らかくなり，器械や標尺が沈下することがある．器械の沈下は，器械の整置の不安定さから，観測者が気付く場合があるが，標尺の沈下は観測中には発見ができない．また，器械や標尺を設置した直後に，弾性反発によりそれらが浮き上がることがある．当然観測誤差が生じる．

対策：器械や標尺の沈下による誤差は，器械や標尺の設置場所を選ぶこと（コンクリート上などの硬固な場所）により避けることができる．また，弾性反発による誤差を避けるためには，器械や標尺を設置した直後の観測を控え，数十秒間をおいて観測を開始する必要がある．

③ 標尺に向かう日射の影響に伴う誤差

標尺の目盛の黒ペンキが厚く塗られている場合，標尺の上から光があたると読みとりに系統誤差〈測定器械の誤差（器差），温度，測定方法のくせなどによって生じる〉が生じることがある．場合によって，その量は0.5～1.0 mm/kmになる．

また，南向きの標尺は直射日光により熱せられ膨張し誤差の原因となる．

対策： ペンキによる誤差については，標尺目盛りの凹凸がないものを用いれば誤差は生じない．また，標尺の膨張による誤差は，日射時間を少なくする敏速な読定により誤差を小さくすることができる．

10-2-4　ウェービング法による標尺の読み

水準測量では，標尺を鉛直に立てたときの標尺の測定値が必要となる．通常1～4級水準測量の場合は水平気泡管を使用するが，簡易測量の場合には気泡管等を用いずに，ウェービング法によって測定値を得ることができる．ウェービング法の注意点として，**図10.6**を参考に以下の項目を守るよう気をつける．

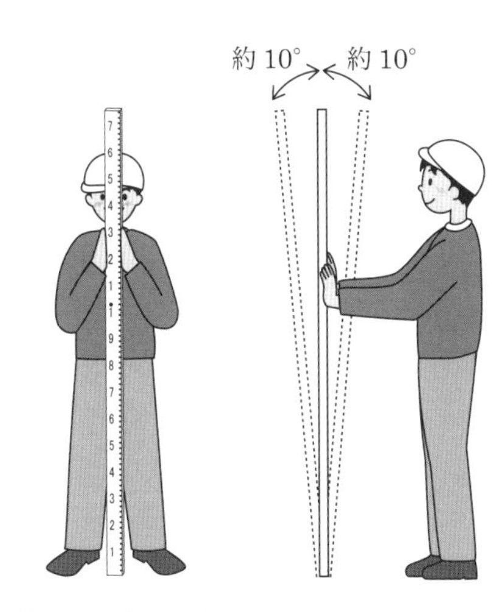

図10.6　標尺の持ち方とウェービング法

① 測点の位置でオートレベルの方を向いて，足は肩幅に開き，まっすぐに立つ．

② 標尺を両手で挟むように持つ．このとき手で標尺の目盛を隠さないようにする．

③ オートレベルの測定者の合図で，標尺を 5 秒程度の間に前後に約 10° ずつ振る．

④ 測定値として，標尺が動いている間の目盛の最低値を記録する．

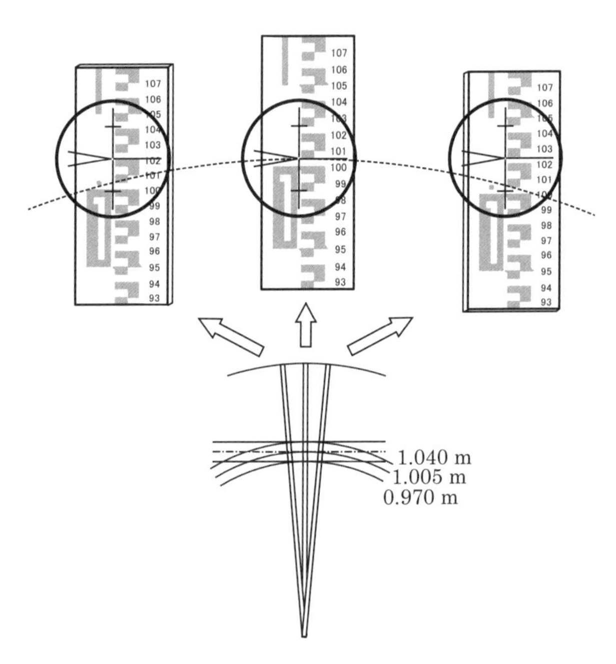

図10.7　ウェービング法の原理

10-3　使用器具

オートレベル	1式
球面脚頭三脚	1本
標尺台	2個
標尺（スタッフ）	2本
野帳，筆記用具	1式

10-4　実習手順

10-4-1　路線の決定

① 指定されたベンチマーク（B.M.）から，指定された目標点までを踏査して，歩測により60 m程度の間隔で測点を設定する．

10-4-2　水準測量

① 後視測点，前視測点に標尺台を踏み込んで固定する．舗装上でもしっかり踏み込む．固定した標尺台に標尺を立てる．

CHECK!!

ベンチマーク（B.M.），目標点が基準点の場合は，基準点に直接標尺を立てて測定する．

---

② 歩測を利用して，後視測点から前視測点までの中央付近にレベルを据付ける．オートレベルの据付けでは鉛直軸誤差の消去法も考慮する．

CHECK!!

鉛直軸誤差の消去のために，観測軸から１本だけ出す三脚の特定の脚（図10.4の１の脚）を三脚のベルトがついている脚とすることで，確実に対策を立てることができる．

③ オートレベルの測定者は，後視の標尺を視準し，野帳に記入する．
④ オートレベルを反転させ前視の標尺を視準し，野帳に記入する．
⑤ ①～④を次の測線で行い，目標となる測点まで繰り返す．
⑥ 復路も同様にベンチマーク（B.M.）まで水準測量する．
⑦ 測定結果より，往路復路についてベンチマーク（B.M.）の標高から高低差を求める．このとき，往路と復路の高低差の差は，0となるべきだが，通常誤差が生じる．

実習では，誤差が公共測量３級水準測量の許容誤差（単位はmm）を満たすようにする．許容誤差を超えた場合は再測とする．

$$|(\text{往路高低差})+(\text{復路高低差})| < 10\sqrt{S}$$

⑧ 目標測点の平均標高を求める．

（往路における目標測点の地盤高）
＝(B.M.の標高)＋(往路高低差)

（復路における目標測点の地盤高）
＝（B.M.の標高）－（復路高低差）

（目標測点の地盤高）＝
（往路・復路における目標測点の地盤高の平均）

表10.2　野帳の記録例

測点：測点Ｐ				器械：		
観測年月日：		天候：	風：	標尺：アルミ製標尺		
観測者：			記帳者：			
往路				高低差		
測線	距離[m]	B.S.	F.S.	昇＋	降－	
B.M.－1	42.5	1.022	0.918	＋0.104		
1－2	46.4	1.476	1.451	＋0.025		
2－3	38.8	1.534	1.521	＋0.013		
3－4	41.2	1.444	1.676		－0.232	
4－5	35.2	1.391	1.628		－0.237	
5－目標	37.3	1.236	1.354		－0.118	高低差
和	206.2	6.712	6.920	＋0.142	－0.587	－0.445

復路				高低差		
測点	距離[m]	B.S.	F.S.	昇＋	降－	
目標－5	37.3	1.548	1.434	＋0.114		
5－4	35.2	1.572	1.333	＋0.239		
4－3	41.2	1.529	1.298	＋0.231		
3－2	38.8	1.677	1.688		－0.011	
2－1	46.4	1.345	1.369		－0.024	
1－B.M.	42.5	1.214	1.32		－0.106	高低差
和	206.2	7.313	7.109	＋0.345	－0.141	＋0.443

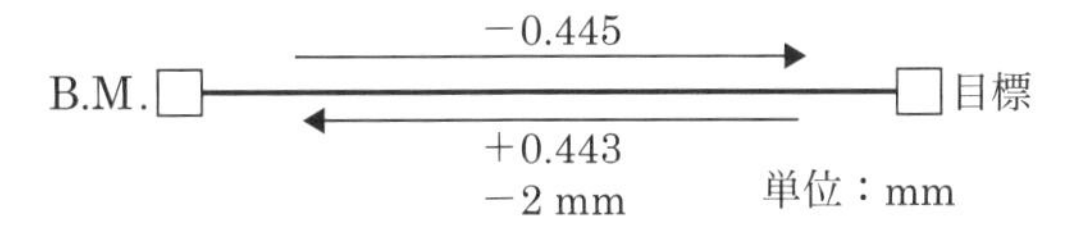

※ 実務測量では，観測点を偶数回としなければならない．

10-5　結果の整理

観測結果を整理する．

10-6　課題

① 1級，2級の水準測量では，(1)球差による誤差，(2)潮汐による誤差，(3)重力の影響，といった誤差も考慮する必要がある．これらの誤差評価法を調べよ．

メモ欄

11章　平板測量

11-1　目的

平板の据付け（**整準，求心，定位**）を身につける．また，細部測量に必要な「**放射法，前方交会法，オフセット法**」の原理を理解し，測定方法を身につける．

現在，平板測量はトータルステーションと組み合わせた電子平板で行われることが多いが，原理等の理解には平板測量は有効である．

11-2　知識

11-2-1　平板測量

平板測量は，平板測器（アリダード一式）と巻尺（テープ）を使い，地物などの状況を直接図紙上に作図していく測量方法である．

高い精度は望めないが，現場で作図していくので測定の誤りも現場で確認でき，作業能率も高くなる．

11-2-2　平板測量で点の位置を求める

平板測量では，基準点測量などにより得られた測点から建物の角（目標点）などを視準して地図を作成していく．現場の測点Aから目標点Tの位置を紙面に図示する方法は，「①**放射法**，②**前方交会法**，③**オフセット法**」などがある．

① 放射法

（条件）

- 測点Aから目標点Tが目視できる．
- 測点Aから目標点Tまで水平距離が測距できる．

（原理）

放射法は，測点から目標点への「**方向と距離**」によって，目標点の位置を特定する方法である．

（手順）

(1) 測点Aから目標点Tまでの距離を測定する．

(2) 測点Aに平板を据付け，測点Aから目標点T方向に方向線を薄く引く．

(3) 平板上の点aから方向線上に(1)で得た水平距離をとって点tをプロットする．

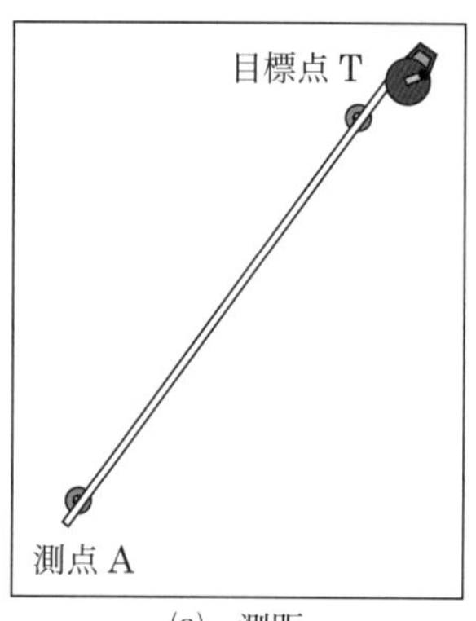

(a) 測距

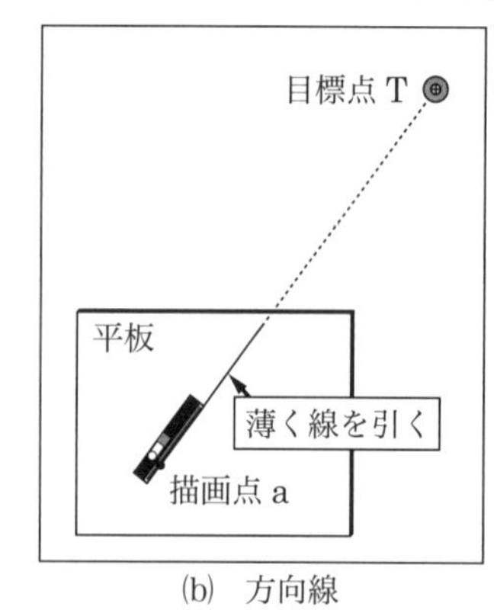

(b) 方向線

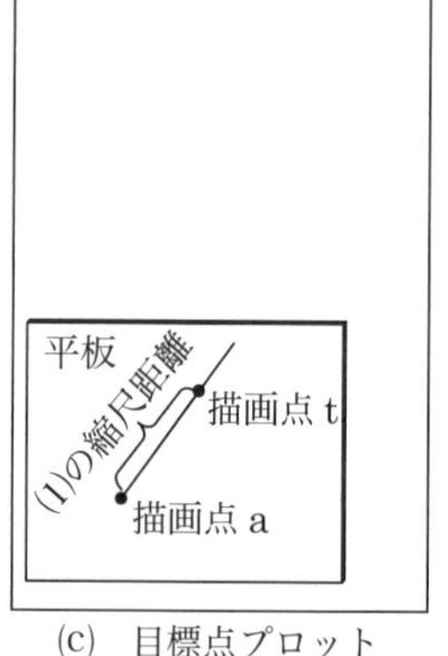

(c) 目標点プロット

図11.1 放射法の概念図

② 前方交会法

(条件)

・測点 A から目標点 T が目視できる.

・測点 A から目標点 T まで水平距離が測定できない.

・測点 C から目標点 T が目視できる.

(原理)

前方交会法は, 2 つの測点から 1 つの目標点へ引かれる 2 本の方向線の交点から目標点の位置を特定する方法である.

(手順)

(1) 測点 A に平板を据付け, 測点 A から目標点 T 方向に方向線を薄く引く (**図 11.2(a)**).

(2) 測点 B に平板を据付け, 測点 B から目標点 T 方向に方向線を薄く引き, 2 本の方向線の交点から点 t をプロットする (**図 11.2(b)**).

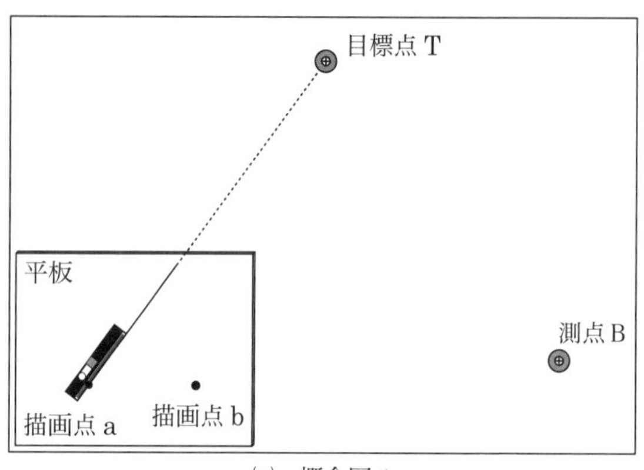

(a) 概念図 1

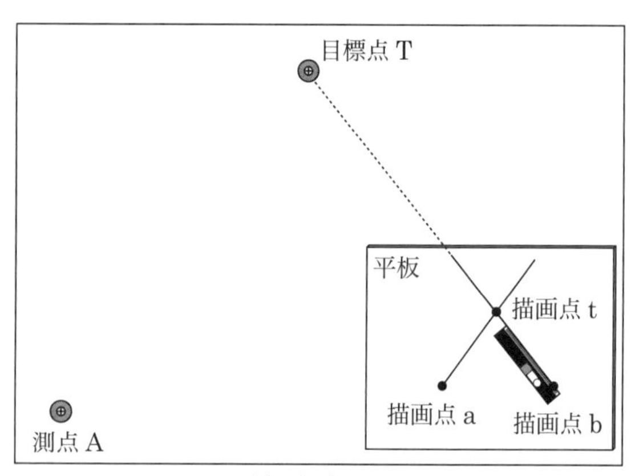

(b) 概念図 2

図11.2 前方交会法の概念図

③ オフセット法

(条件)

・測点 A から目標点 T が目視できない.

・測点 B から目標点 T が目視できない.

・測点 A, B から目標点 T まで水平距離が測定できない.

（原理）

オフセット法は，目標点から２つの測点間の測線への垂線距離から目標点の位置を特定する方法である．

（手順）

⑴ 測線 AB 間に巻尺を張る．

⑵ 測点 T から巻尺を伸ばし，測点 T を固定して巻尺を左右に振り，測線 AB との交点での目盛が最小になるとき，測点 T から測線 AB に垂線を下ろしたとみなす．

⑶ 測点 A から巻尺の交点までの距離（距離①），目標点 T から巻尺の交点までの距離（距離②）を測る．

⑷ 平板上で測線 AB 間に縮尺距離①，そこから垂直に縮尺距離②を測り，点 t をプロットする．

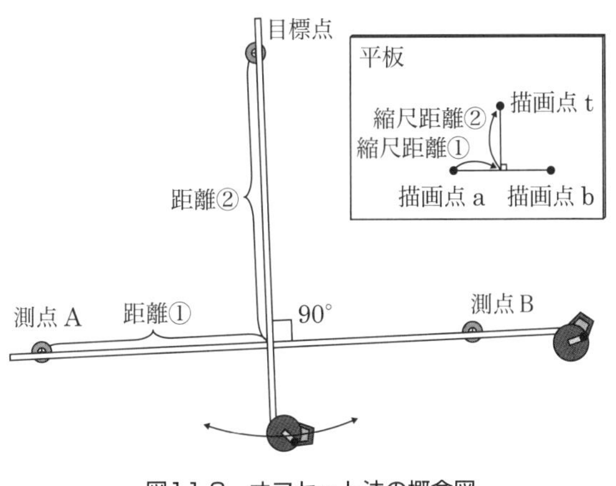

図11.3　オフセット法の概念図

11-3　使用器具

平板，三脚	1式
アリダード*	1式
繊維製巻尺（テープ）	2個
ポール	3本
測量鋲・明示版	必要組
野帳，筆記用具	1式

*平板上に載せて地物の方向と距離を定める測量器具．定規，水準器，望遠鏡などが備えられている．

11-4　実習手順

11-4-1　平板の準備

① 三脚を閉じたまま脚の伸縮ねじを緩め，みぞおちくらいまで引き上げる．

② 脚が正三角形を描くように三脚を開き，台座がズボンのベルト位置程度の高さになることを確認する．

③ 平板と三脚を取りつけ，ある程度水平となるように，整準用固定ねじ，求心定位用固定ねじともに締めて固定する．

④ 平板に図紙を貼りつける．

⑤ **図 11.1** を参考に，平板の適当な位置に点 a を定め，b 方向に適当な長さの線を引く．

⑥ 点 a に測量針をさす．

CHECK!!

平板は三脚に取りつけたまま測点間を移動する．

11-4-2　測点の設置

① 測点A，Bを20～50 m程度の間隔で設定し，巻尺で距離を測定して野帳に記入する.

② その他，測点C～Kまでを設定する．距離の測定は必要に応じて後で測定する.

このとき

測点C，D，E，Fは，「放射法」で図紙に描くために設置する.

測点G，H，I，Jは，「前方交会法」で図紙に描くために設置する．測点A，測点Bから見える位置にすること.

測点Kは測点Aが見えない位置に設置し，「オフセット法」で位置を同定し，図紙に描画するために設置する.

③ 作図後の確認のために，「放射法」に設定した測点C，D間距離，「前方交会法」に設定した測線GHと測線IJ間距離（道路幅）等を巻尺で測定して野帳に記入しておく.

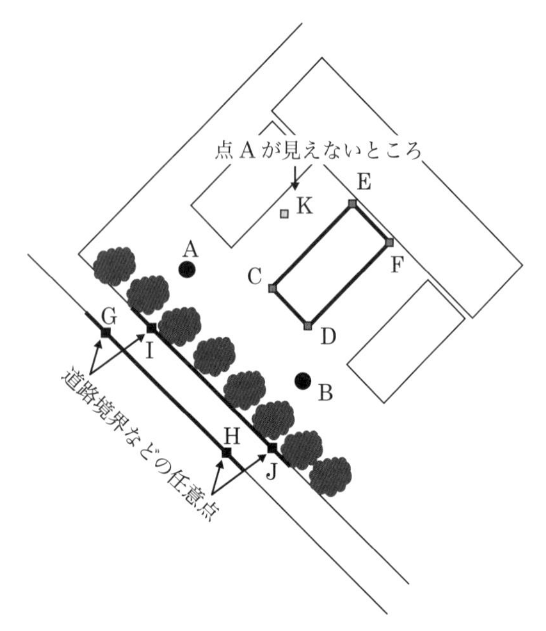

図11.4　実習用測点設置の例

11-4-3　平板の設置と測線abの描画

① 求心器が図紙上の点aを指すように設置し，下げ振りをさげる．

② 測点Aと図紙上の点aが，求心器を通して同一鉛直線上にくるように，下げ振りを見ながら三脚を設置する．

③ **（整準）** 整準用固定ねじを緩めて，T型水準器をみながら整準して,整準用締め付けねじを締める．

④ **（求心）** 求心定位用固定ねじを緩めて，図紙上の点aから引いた線の延長上に測点Bが来るように目視で平板を回した後で，下げ振りが測点A上に位置するように平板をずらして求心して，求心定位用固定ねじを少し締める．

CHECK!!

求心誤差の許容誤差以内となるように，求心すること．求心誤差は，製図上の誤差である．鉛筆芯の先端の太さを0.2 mmとすると，**表11.1**のように示される．

⑤ **（定位）** 図紙上の測線abに**アリダード**（平板上に載せて地上の地物(ちぶつ)等の目標の方向を定める器具，定規，水準器，望遠鏡付のものがある）を合わせ，測点Bを視準し，平板を左右に振りながら測点Bが視準できたら，求心定位用固定ねじを締めて固定する．

⑥ 上記⑤までの操作が終了したら，「**整準・求心・定位**」（合わせて「**標定**」という）をもう一度確認する．

⑦ 図紙上の測線に三角スケールをおき，適当な縮尺で距離をとり，点bを記入する．

表11.1　許容誤差

縮尺	許容範囲e[mm]	縮尺	許容範囲e[mm]
1/100	10	1/500	50
1/200	20	1/600	60
1/300	30	1/1 000	100

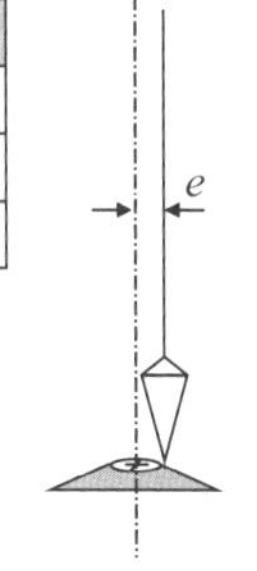

11-4-4　測点Aからの視準

① 測点C，D，E（放射法），測点G，H，I，J（前方交会法）にポールを立てる．

② 点aからアリダードを用いて，測点C，D，E，G，H，I，Jを視準し，適当な線を薄く引く．

CHECK!!

ポールの下を視準しにくい場合は，ポールをまっすぐ立てて，ポールの中心を視準してもよい．

③ 測線AC，測線AD，測線AEを測距し，距離を野帳に記入する．

④ 適当な縮尺で図紙上に距離をとり，点c，点d，点eを記入する．

⑤ 図紙上の点c-d，点c-eを結び，建物の各辺を描画する．

⑥ 図紙上で測点G，H，I，J（前方交会法）を視準した線には，どの測点を視準した線であるかわかるように名前をつけておく．

⑦ 磁石で磁北の方向を図紙上に記入する．

CHECK!!

点g，点h，点i，点jは**11-4-5**において，測点Bから視準した線と合わせて前方交会法で図紙上の位置を特定する．

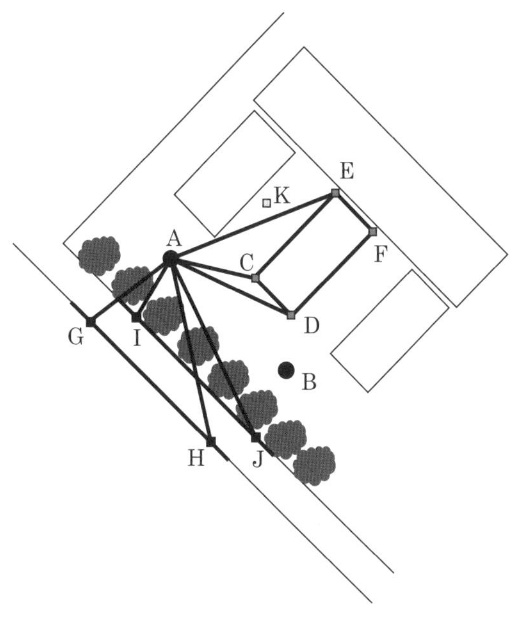

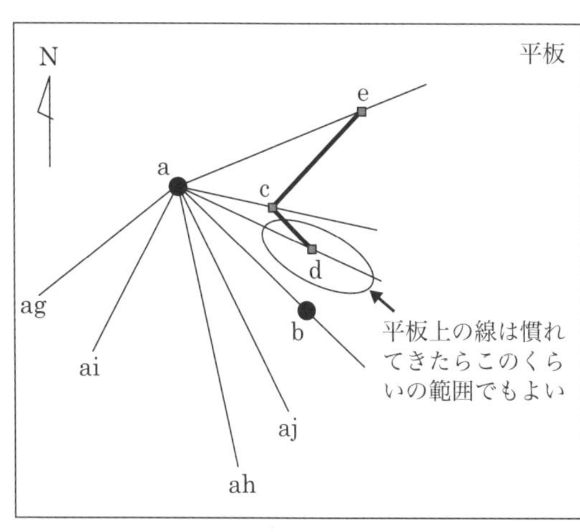

図11.5　測点Ａからの視準

11-4-5 測点Bからの視準

① 測点Bに平板を設置して，標定する．

CHECK!!

平板を設置するときに，平板上の点aが測点Aの方向におおよそ向くように設置しておくと標定が楽になる．

---

② 測点F（放射法），測点G，H，I，J（前方交会法）にポールを立てる．

③ 点bからアリダードを用いて，測点F，G，H，I，Jを視準し，適当な線を薄く引く．

④ 測線AFを巻尺で測定し，距離を記入する．

⑤ 適当な縮尺で図紙上に距離をとり，点fを記入する．

⑥ 図紙上の点e-f，点d-fを結び，建物の各辺を描画する．

⑦ 図紙上の直線ag，直線bgの交点から点gを記入する．同様に，点h，点i，点jを記入する．

⑧ 図紙上の点g-h，点i-jを結び，道路縁を描画する．

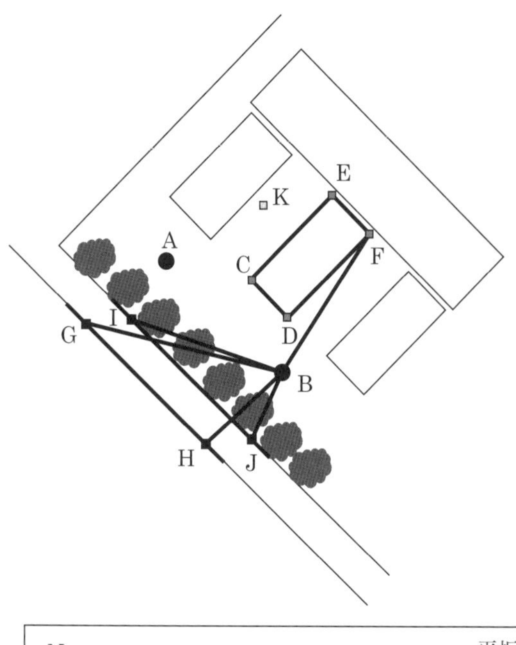

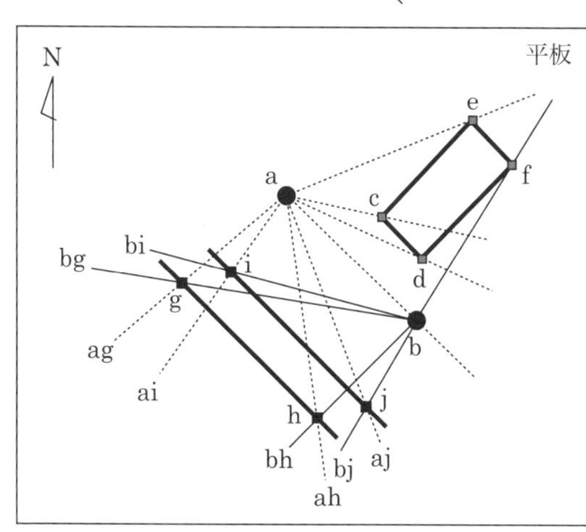

図11.6　測点 B からの視準

11-4-6　オフセット法の練習

① 測線 AB に巻尺を設置する．

② 点 K から巻尺を伸ばし，測線 AB との交点までの距離が最小となる位置で固定し，値を記録する．

③ また，測点 A からその位置までの距離も記録する．

④ 図紙上で，三角スケールと三角定規を用いて，点 k を記録する．

メモ欄

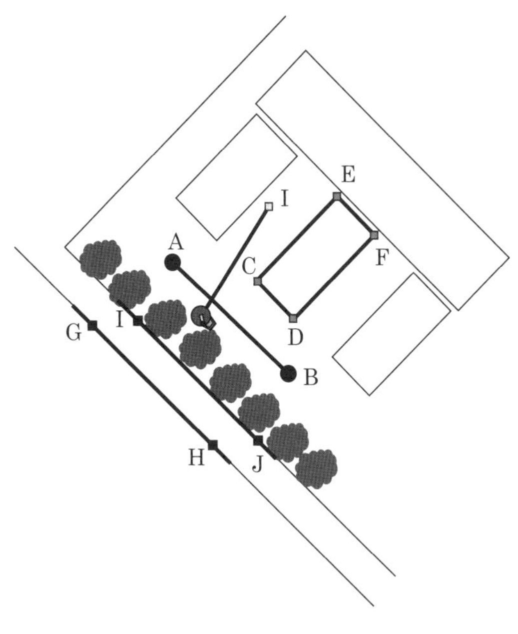

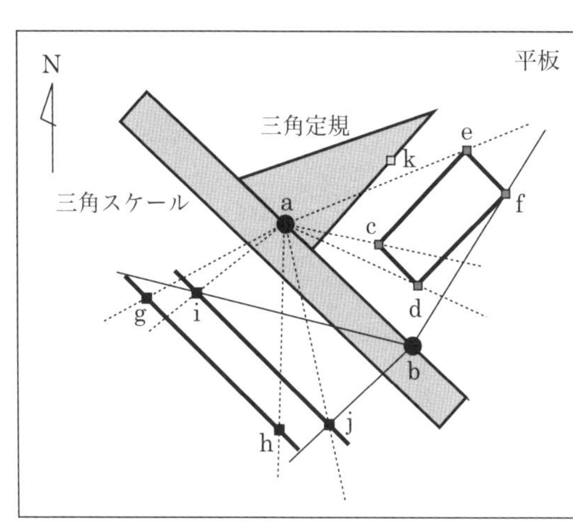

図11.7　オフセット法の練習

11-5　結果の整理

① 測量針などを用いて平板上の図紙をケント紙などに正確に写し取る.

② **図 11.8** のように,「**表題欄, 尺度, 尺度目盛**」等を記入する.

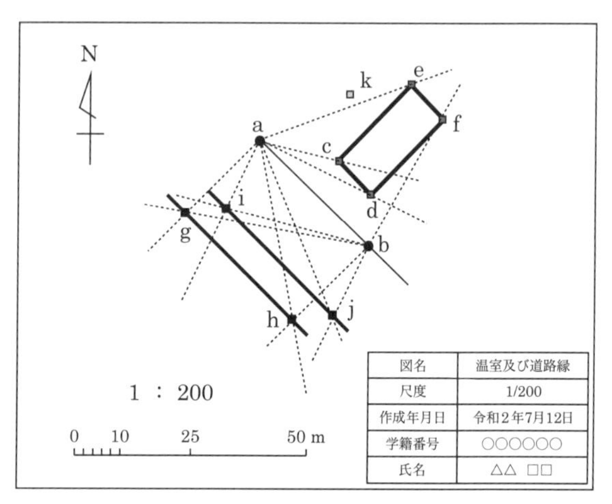

図11.8　測量図の例

11-6　課題

① 図紙上の建物 cdef の角が直角にならずに歪(ゆが)んだ場合の修正法を調べてまとめよ.

② **11-4-2** の③で測定した測線 CD および, 測線 GH と測線 IJ 間の距離（道路幅）と, 測量図上の測線 cd および測線 gh と測線 ij 間の距離を比較し, その誤差を考察せよ.

12章　トータルステーションによる基準点測量

12-1　目的

単路線方式の4級基準点測量を用いて，基本的な基準点測量と座標の決定方法を身につける.

12-2　知識

12-2-1　単路線方式

単路線方式とは，既知点間を1つの路線で結合させる多角方式である．両端の既知点において，両既知点またはどちらか1点で方向角の取り付け観測を行う．単路線方式は原則として3級および4級基準点測量で採用される.

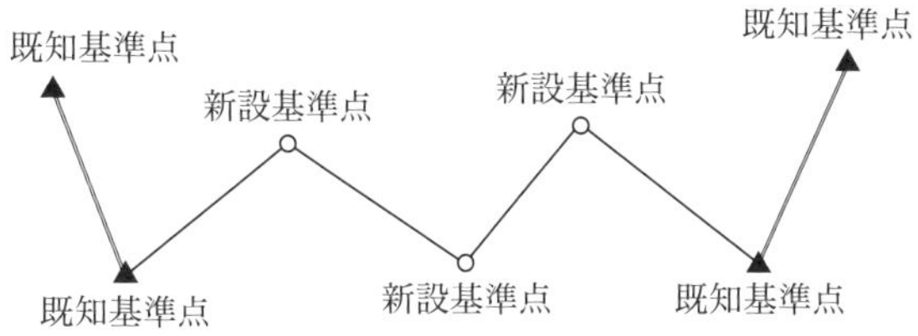

既知基準点
既知基準点
新設基準点
新設基準点
既知基準点
新設基準点
既知基準点

図12.1　単路線方式の概念図

12-2-2　距離の補正

測量の基準は，準拠楕円体面上（GRS80楕円体）にあり，実際に扱う測量座標は，平面直角座標系であるため，観測した距離を補正する必要がある.

観測斜距離 → ①準拠楕円体上の距離（投影補正計算）→ ②平面直角座標系上の距離（縮尺補正計算）

① 準拠楕円体上の距離（投影補正計算）

距離の計算においては，点間距離を準拠楕円体上（GRS80 楕円体）とするために，**標高にジオイド面までの高さであるジオイド高を加えた楕円体高を用いて補正**すると規定し，そのジオイド高は，各既知点のジオイド高を平均した値を用いることとしている．

ジオイド高は，国土地理院が提供するジオイドモデル（日本のジオイド 2011(ver.2)）から求めるか，ジオイドモデルが無い地域で水準点がある場合には，GNSS（GPS）測量と水準測量を行い，その地域のジオイドモデルから求める．

$$S = D\cos\left(\frac{\alpha_1 - \alpha_2}{2}\right)\frac{R}{R + \left(\dfrac{H_1 + H_2}{2}\right) + N_g} \quad (1)$$

ただし，

S：基準面上（準拠楕円体）の水平距離 [m]

D：測点 1 〜測点 2 の斜距離 [m]

H_1：測点 1 の標高（概算値）＋測距儀の器械高 [m]

H_2：測点 2 の標高（概算値）＋測距儀の器械高 [m]

α_1：測点 1 から測点 2 に対する高低角

α_2：測点 2 から測点 1 に対する高低角

$R = 6\,370\,000$：平均曲率半径 [m]

N_g：ジオイド高〈既知点のジオイド高を平均した値 $(N_{g1} + N_{g2})/2$〉

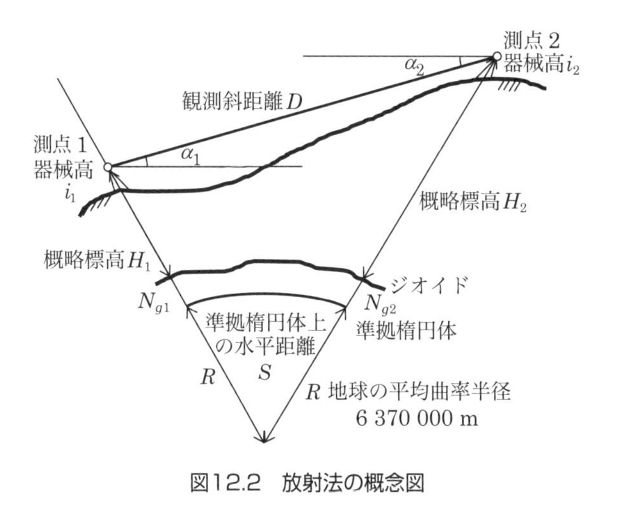

図12.2　放射法の概念図

② 平面直角座標系上の距離（縮尺補正計算）

投影距離の誤差を相対的に 1/10 000 以内に収めるように定められた観測地点の縮尺係数を与え，平面上の距離を計算する.

$$s = S \times \text{縮尺係数} \quad (2)$$

s：座標面上の距離

S：基準面上（準拠楕円体）の距離

12-2-3　測量座標と方向角

座標系の X 軸は，座標系原点において子午線に一致する軸とし，真北に向かう値を正とし，座標系の Y 軸は，座標系原点において座標系の X 軸に直行する軸とし，真東に向かう値を正としている.

ここで，数学座標とは X 軸と Y 軸が逆である．方向角とは座標の X 軸を元にして右回りに測った角度である.

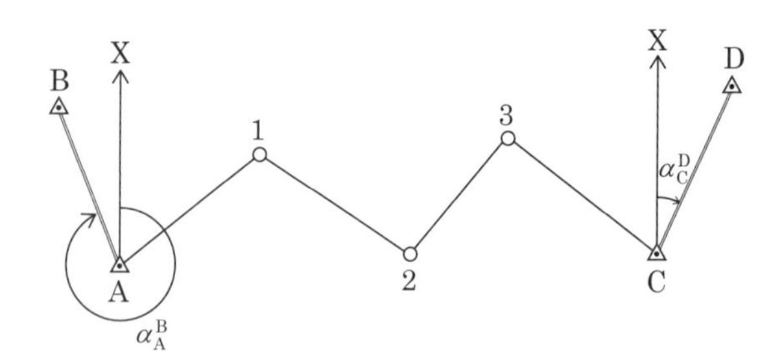

図12.3　方向角の例

点Aの座標が（x，y），点Aから点Bまでの距離がS[m]，点Aから点Bへの方向角がαであるとき，点Bの座標は，以下のとおりである．

表12.1　座標計算の例

測点名	x座標	y座標
A	x	y
B	$x + S \times \cos\ \alpha$	$y + S \times \sin\ \alpha$

12-3　使用器具

トータルステーション	1式
反射プリズム	2台
三脚	3本
測量鋲・明示板	必要組
野帳，筆記用具	1式

12-4　実習手順

12-4-1　測点の設置

① 使用する既知点（4つ）を設置し，既知点の方向角を得る．

② 新基準点の設置を行う．新点は 40 m から 50 m 間隔で前後の基準点への見通しが確保できる場所に測量鋲を打ちつける．

③ 新基準点名は，T-1，T-2，・・・とし，測量鋲の表示板に記入する．

12-4-2 基準点観測

① 単路線方式による 4 級基準点測量を実施する．観測は 6 章の水平角の手順で各測点間の夾角を観測し，7 章の鉛直角の手順で各測点間の高度角を観測する．

② このとき，トータルステーションの光波測距により各測点間の距離を測定する．

CHECK!!

既知点AB間，CD間の距離は必要ない．

③ 各測点観測終了後，必ず精度確認（倍角差，観測差，高度定数差）を行い，制限オーバーの場合は再測を行うこと．

CHECK!!

観測の順番は，観測忘れのないようにすれば，どの点から観測しても問題ない．

表12.2　各測点における野帳記入例

測点：測点 T-1　B = C = P　器械：

観測年月日：　風：

天候：　観測者：　記帳者：

目盛	望遠鏡	視準点	観測角	結果	倍角	較差	倍角差	観測差
°			°　′　″	°　′　″	″	″		
0	R	M1	0°01′47″					
		T-2	191°02′36″	191°0′49″				
					102	−4	12	8
	L	T-2	11°02′45″	191°00′53″				
		M1	180°01′52″					
90	L	M1	270°07′12″					
		T-2	101°08′07″	191°00′55″				
					114	+4		
	R	T-2	281°07′59″	191°00′59″				
		M1	90°07′00″					

水平角の観測結果		中心の観測角
測点	方向	°　′　″
T-1	M1	0°00′00″
	T-2	191°00′54″

望遠鏡	視準点	観測角	R−L=2Z 90±α=Z α	高度定数差
		°　′　″	°　′　″	″
R	M1	90°19′29″	180°38′36″	
L		260°40′53″	90°19′18″	
	和	360°00′22″	−0°19′18″	8
R	T-2	91°34′33″	183°08′36″	
L		268°25′57″	91°34′18″	
	和	360°00′30″	−1°34′18″	

斜距離		測定距離	測定距離	セット 内較差	セット 間較差	測定結果
測点	方向	[m]	[m]	[mm]	[mm]	[m]
T-1	T-2	47.354	47.355	1		
		47.354	47.354	0	1	47.354

12-5　結果の整理

12-5-1　平面直角座標系上の水平距離の計算

① 12-2-2における距離の補正を参考に各測点間の距離を補正する.

（例）表 12.2 の例で T-1 から T-2 までの距離を補正するとして, 各係数を以下のように考える.

観測斜距離　$D_1{}^2 = 47.354$

観測高低角　$\alpha_1 = -1°34'18''$,　$\alpha_1 = \alpha_2$

概略標高　$H_1 = 5.00$ m,　$H_2 = 6.30$ m

ジオイド高　38.19 m

縮尺係数　0.999 921

平均曲率半径　$R = 6\,370\,000$ m

$$S = D\cos\left(\frac{\alpha_1 - \alpha_2}{2}\right)\frac{R}{R + \left(\dfrac{H_1 + H_2}{2}\right) + N_g}$$

$$= 47.345\cos(-1°34'18'')\frac{6\,370\,000}{6\,370\,000 + \left(\dfrac{5.00 + 6.00}{2}\right) + 38.19}$$

$$= 47.336\ \text{m}$$

12-5-2　各測点の座標計算

以下の例にならって, 各測点の座標計算を行う.

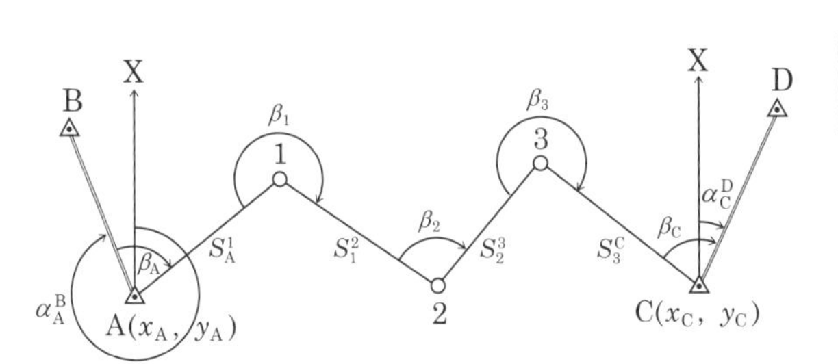

図12.4　座標計算のための基準点観測例

ただし，

A：出発点（既知点）

C：到達点（既知点）

B：出発点方向角取付既知点

D：到達点方向角取付既知点

α_A^B，α_C^D：既知点方向角

β_A，β_1，β_2，β_3，β_C：観測夾角（水平角測量による観測角）

S_A^1，S_1^2，S_2^3，S_3^C：補正後の水平距離

表12.3　既知情報および観測情報の例

既知点座標	測点A	(+27 312.689, +35 713.674)	測点C	(−27 162.513, +36 810.354)
既知方向角	α_A^B	350°30′21″	α_C^D	12°05′23″
水平距離（補正後）	S_A^1	320.493 m	S_1^2	296.734 m
	S_2^3	300.567 m	S_3^C	340.193 m
観測夾角	β_A	92°29′19″	β_1	210°10′28″
	β_2	100°26′45″	β_3	240°10′19″
	β_C	98°18′23″		

① 夾角補正計算

各測点間における仮方向角を計算し，取り付け点での既知方向角から方向角の閉合誤差を計算する．その後，閉合誤差を角観測夾角に均等配分（測点平均）して夾角補正を行う．

（例）各測点間における仮方向角の計算

$$\alpha_A^1 = \alpha_A^B + \beta_A - 360° = 350°30'21'' + 92°29'19'' - 360° = 82°59'40''$$

$$\alpha_1^2 = \alpha_A^1 + \beta_1 - 180° = 82°59'40'' + 210°10'28'' - 180° = 113°10'08''$$

$$\alpha_2^3 = \alpha_1^2 + \beta_2 - 180° = 113°10'08'' + 100°26'45'' - 180° = 33°36'53''$$

$$\alpha_3^C = \alpha_2^3 + \beta_3 - 180° = 33°36'53'' + 240°10'19'' - 180° = 93°47'12''$$

$$\alpha_C^D = \alpha_3^C + \beta_C - 180° = 93°47'12'' + 98°18'23'' - 180° = 12°05'35''$$

取り付け点 C での既知方向角が，$\alpha_C^D = 12°05'23''$ より，方向角の閉合誤差 $\Delta\alpha$ は，

$$\Delta\alpha = 12°05'35'' - 12°05'23'' = +12''$$

となり，正しい方向角に対して 12″ 大きいということとなる．よって，各観測夾角に対して −12″ の誤差を各観測夾角に均等配分（測点平均）する．観測夾角は 5 測点あるので，補正は**表 12.3** のようになる．

表12.4　観測夾角補正計算の例

測点名	観測角	補正計算	補正値	夾角補正計算
A	β_A	−12″/5×1 ＝−2.4″≒−2″	−2″	92°29′19″−2″ ＝92°29′17″
1	β_1	−12″/5×2 ＝−4.8″≒−5″	−3″	210°10′28″−3″ ＝210°10′25″
2	β_2	−12″/5×3 ＝−7.2″≒−7″	−2″	100°26′45″−2″ ＝100°26′43″
3	β_3	−12″/5×4 ＝−9.6″≒−10″	−3″	240°10′19″−3″ ＝240°10′16″
C	β_C	−12″/5×1 ＝−12″≒−12″	−2″	98°18′23″−2″ ＝98°18′21″

② 方向角の計算

補正夾角を用いて，**表 12.4** を参考に各測点の方向角を計算する．

表12.5　補正夾角からの方向角計算の例

測点名	観測角	方向角計算
		$\alpha_A^B = 350°30'21''$（既知方向角）
A	β_A	$\alpha_A^1 = \alpha_A^B + \beta_A - 360°$ $= 350°30'21'' + 92°29'17'' - 360°$ $= 82°59'38''$
1	β_1	$\alpha_1^2 = \alpha_A^1 + \beta_1 - 180°$ $= 82°59'38'' + 210°10'25'' - 180°$ $= 113°10'03''$
2	β_2	$\alpha_2^3 = \alpha_1^2 + \beta_2 - 180°$ $= 113°10'03'' + 100°26'43'' - 180°$ $= 33°36'46''$
3	β_3	$\alpha_3^C = \alpha_2^3 + \beta_3 - 180°$ $= 33°36'46'' + 240°10'16'' - 180°$ $= 93°47'02''$
C	β_C	$\alpha_C^D = \alpha_3^C + \beta_C - 180°$ $= 93°47'02'' + 98°18'21'' - 180°$ $= 12°05'23''$
		$\alpha_C^D = 12°05'23''$

③ 座標補正計算

方向角と水平距離（補正後）を使用し，各測点の仮座標を計算する．ここで，取付け既知点における閉合差を計算し**表 12.5** の点検計算の許容範囲から精度確認をおこなう．精度が 4 級基準点測量の許容範囲内であれば閉合誤差の補正計算をおこない，各測点の座標を計算する．

表12.6　点検計算の許容範囲

		1級 基準点測量	2級 基準点測量	3級 基準点測量	4級 基準点測量
単路線 結合多角	水平位置 の閉合差	10 cm＋ 2 cm $N\Sigma S$	10 cm＋ 3 cm $N\Sigma S$	15 cm＋ 5 cm $N\Sigma S$	15 cm＋ 10 cm $N\Sigma S$
	標高の 閉合差	20 cm＋ 5 cm $\Sigma S/N$	20 cm＋ 10 cm $\Sigma S/N$	20 cm＋ 15 cm $\Sigma S/N$	20 cm＋ 30 cm $\Sigma S/N$
単位多角	水平位置 の閉合差	1 cm $N\Sigma S$	1.5 cm $N\Sigma S$	2.5 cm $N\Sigma S$	5 cm $N\Sigma S$
	標高の 閉合差	5 cm $\Sigma S/N$	10 cm $\Sigma S/N$	5 cm $\Sigma S/N$	30 cm $\Sigma S/N$
標高差の正反較差		30 cm	20 cm	15 cm	10 cm

1）仮座標計算

表12.7　仮座標計算の例

測点名	X座標（仮座標）	Y座標（仮座標）
A	−27 312.689	+35 713.674
1	−27 312.689 ＋ 320.456 m × cos 82°59′38″ ＝−27 273.601	+35 713.674 ＋ 320.456 m × sin 82°59′38″ ＝+36 031.737
2	−27 273.601 ＋ 296.700 m × cos 113°10′03″ ＝−27 390.329	+36 031.737 ＋ 296.700 m × sin 113°10′03″ ＝+36 304.511
3	−27 390.329 ＋ 300.533 m × cos 33°36′46″ ＝−27 140.046	+36 304.511 ＋ 300.533 m × sin 33°36′46″ ＝+36 470.879
C	−27 140.046 ＋ 340.153 m × cos 93°47′02″ ＝−27 162.494	+36 470.879 ＋ 340.153 m × sin 93°47′02″ ＝+36 810.290

2）閉合差

既知点Cの既知座標(−27 162.513, ＋36 810.354)と仮座標で得られたC点の仮座標(−27 162.494，＋36 810.290）との差（閉合差）を計算し，精度を検討する．

閉合差＝

$$\sqrt{\{-27\,162.513-(-27\,162.494)\}^2+\{+36\,810.354-(+36\,810.290)\}^2}$$

$= 0.067$ m

3）4級基準点測量

許容範囲＝15 cm＋10 cm×4×(0.320 493 km
＋0.296 734 km＋0.300 567 km
＋ 0.340 193 km)＝65.32 cm
＞ 6.7 cm（例）

より，許容範囲内

4）閉合誤差補正量の計算

X 座標誤差
＝−27 162.494−(−27 162.513)
＝＋0.019 m

Y 座標誤差
＝＋36 810.290−(＋36 810.354)
＝− 0.064 m

よって誤差補正量の計算例は**表 12.8** のようになる．また，このとき閉合誤差補正量は，各測点に累積の形で割り振られる．これは，**図 12.3** に示すように最終の既知点で閉合差と等しくなるようにするためである．

表12.8　閉合誤差補正量計算の例

測点名	X座標閉合誤差補正量	Y座標閉合誤差補正量
1	−0.019 m/4×1= −0.00475 ≒−0.005 m	+0.064 m/4×1=+0.016 m
2	−0.019 m/4×2= −0.0095 ≒−0.010 m	+0.064 m/4×2=+0.032 m
3	−0.019 m/4×3= −0.01425 ≒−0.014 m	+0.064 m/4×3=+0.048 m
C	−0.019 m/4×1=−0.019 m	+0.064 m/4×4=+0.064 m

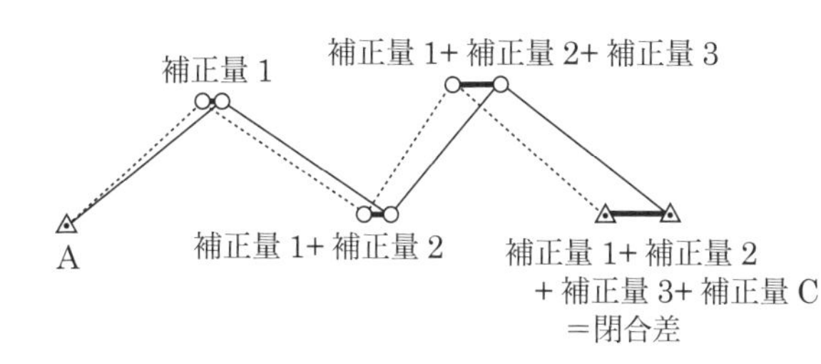

図12.5　閉合誤差補正量が累積になる理由

5）座標補正計算

仮座標計算で求めた仮座標に座標補正値を加える.

表12.9　座標計算の例

測点名	X座標（仮座標）	Y座標（仮座標）
1	−27 273.601 − 0.005 =−27 273.606	+36 031.737 + 0.016 =+36 031.753
2	−27 390.329 − 0.010 =−27 390.339	+36 304.511 + 0.032 =+36 304.543
3	−27 140.046 − 0.014 =−27 140.060	+36 470.879 + 0.048 =+36 470.927
C	−27 162.494 − 0.019 =−27 162.513	+36 810.290 + 0.064 =+36 810.354

メモ欄

13章　ポール横断測量

13-1　目的

農地や農用施設は，農村地域に広範囲に存在しているため，異常な天然現象が発生すると同時多発的にさまざまな規模の災害が発生する．

大規模な災害では災害復旧事業が行われるが，復旧計画ともいえる災害査定設計書の提出は60日以内であり，迅速な災害報告書の作成が必要となる．

実習では，法面崩壊の災害査定時に必要とされる横断図を作成する一つの手段であるポール横断測量を身に付ける．

13-2　知識

横断測量は，路線に沿った縦断測量の測線に直角な方向における標高を求めて断面図を決定するものである．

測量は，トータルステーションやレベルを用いて行われるのが通常であるが，縦断測量ほど高い精度は要求されないので，小規模または災害査定などの緊急時には，ポールや標尺，巻尺などによる測定でもよい．

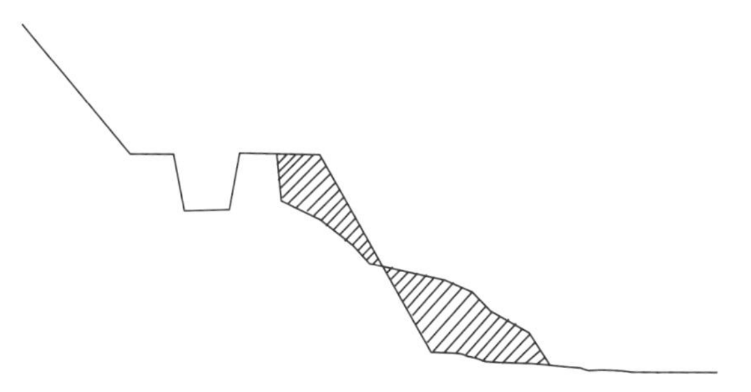

図13.1　山腹水路の被災概況図（例）

13-3 使用器具

ポール	必要数量
標尺（スタッフ）	2本
デジタルカメラ	1台

13-4 実習手順

13-4-1 手簿作成

① 野帳に「**起点となる測点名（等級と名称），断面の方向，天候，観測年月日，起点の地盤高，記録者氏名**」を記入する．

CHECK!!

実習では，起点となる測点を測点0，測点0の地盤高を仮に2.00 m，断面方向を東とする．

表13.1 野帳記入例

基点：測点0		断面：東			
年月日：		天候：		風：	
				記帳者：	
測点	ポール間水平距離		高低差		基点からの水平距離	基点からの高低差
	石突交差	残り	石突交差	残り		

13-4-2 ポール横断測量

① 対象となる横断面の地形の変化点を探索する．

② 地形の変化点にポールを鉛直に突き刺し，測点番号を野帳に記入する．

③ 鉛直に立てたポールと直交するように水平にポールを渡し，ポールを手で支える．

CHECK!!

可能であればすべての鉛直ポールを支える人がいた方がよい．
ポールの鉛直・水平の確認は目測で十分であるが，離れた位置からすべてのポールの鉛直・水平を確認する．

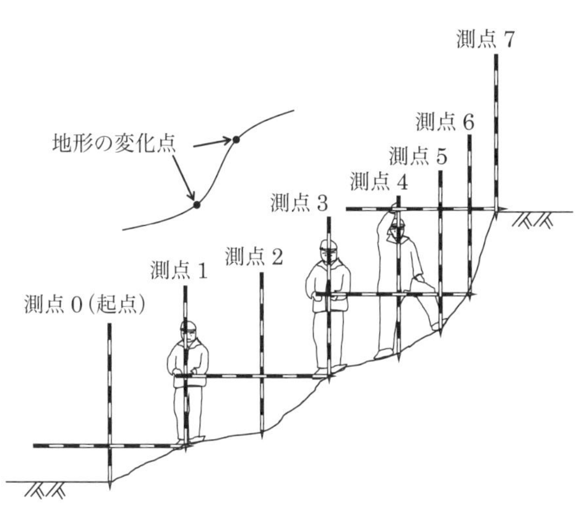

図13.2　ポール設置の例

④ ポール横断測量の状況を写真に記録する．

⑤ 水平ポールが鉛直ポールの石突で交差する測点について，「**ポール間の水平距離，ポール間の高低差**」を野帳に記入する．ポールは 20 cm 間隔で紅白に色分けされているが，ポールの読みは 0.05 m まで目分量で読み取る．

CHECK!!

ポール設置例において，水平ポールが鉛直ポールの石突で交差する測点は，測点1，測点3，測点6，測点7（図13.2参照）

⑥ 基点となる測定0からの水平距離および，基点からの高低差を計算し，野帳に記入する．

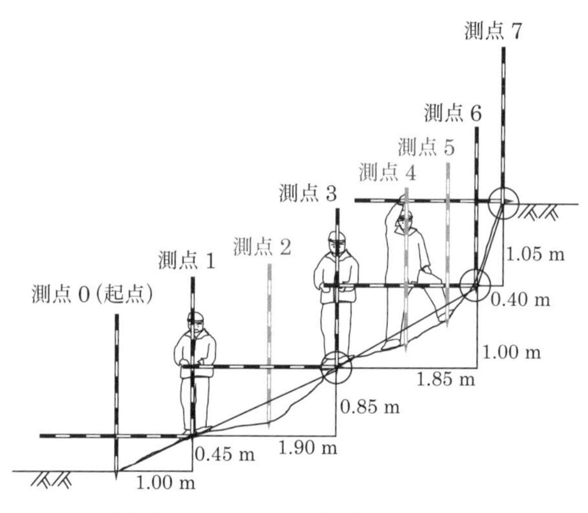

図13.3　ポール設置例の石突交差か所

表13.2　石突交差か所の野帳記入例

基点：測点0			断面：東			
年月日：			天候：		風：	
					記帳者：	
測点	ポール間水平距離		高低差		基点からの水平距離	基点からの高低差
	石突交差	残り	石突交差	残り		
0					0.00	0.00
1	1.00		0.45		1.00	0.45
2						
3	1.90		0.85		2.90	1.30
4						
5						
6	1.85		1.00		4.75	2.30
7	0.40		1.05		5.15	3.35

⑦ 残りの測点について，順次「ポール間水平距離，高低差」を読み取り，基点からの水平距離，高低差を計算する．

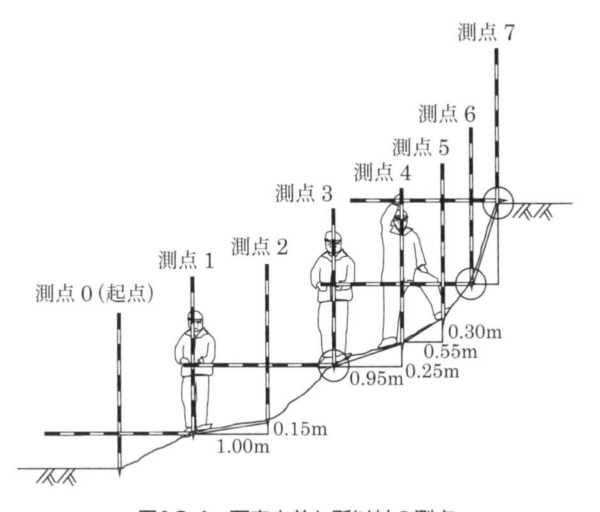

図13.4　石突交差か所以外の測点

表13.3　石突交差か所以外の測点の野帳記入例

基点：測点 0			断面：東			
年月日：			天候：		風：	
					記帳者：	
測点	ポール間水平距離		高低差		基点からの水平距離	基点からの高低差
	石突交差	残り	石突交差	残り		
0					0.00	0.00
1	1.00		0.45		1.00	0.45
2		1.00		0.15	2.00	0.60
3	1.90		0.85		2.90	1.30
4		0.95		0.25	3.85	1.55
5		0.55		0.30	4.40	1.85
6	1.85		1.00		4.75	2.30
7	0.40		1.05		5.15	3.35

13-5　結果の整理と考察

① 測点間の水平距離，高低差をそれぞれ表に再整理し，各測点間の法勾配を求めよ．

CHECK!!

法勾配は「**1：(水平距離／高低差)**」で記入すること．

表13.4　測点間水平距離，高低差の再整理例

測点	基点からの水平距離	基点からの高低差	測点間の水平距離	測点間の高低差	法勾配
0	0.00	0.00	0.00	0.00	
1	1.00	0.45	1.00	0.45	1 : 2.22
2	2.00	0.60	1.00	0.15	1 : 6.67
3	2.90	1.30	0.90	0.70	1 : 1.29
4	3.85	1.55	0.95	0.25	1 : 3.80
5	4.40	1.85	0.55	0.30	1 : 1.83
6	4.75	2.30	0.35	0.45	1 : 0.57
7	5.15	3.35	0.40	1.05	1 : 0.38
		計	5.15	3.35	

13-6　課題

① 整理した表をもとに，横断面の概略図を描く．

② 概略図に横断面全体の「**水平距離，高低差，法肩，法尻の地盤高**」を記入し，各ポール間の法勾配を計算・記入する．

CHECK!!

概略図（**図13.5**）は，方眼用紙を使用して手書きで描くと分かりやすい．表計算ソフトのエクセル等を使用する場合は，できるだけグラフの縦軸，横軸での1 mの距離が同じ長さになるようにグラフを調整すること．

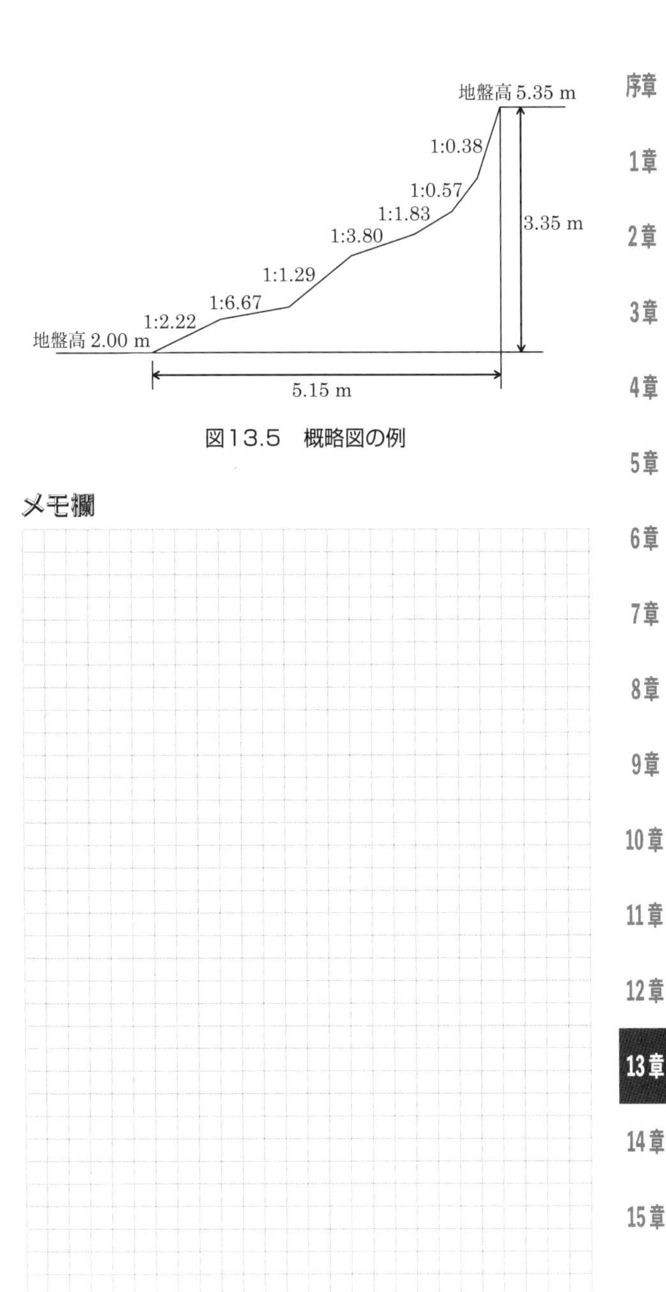

図13.5　概略図の例

メモ欄

メモ欄

14章　写真測量

14-1　目的

空中写真上に写っている種々の情報を読み取り，空中写真から地物の高さを推定する．

14-2　知識

14-2-1　空中写真の記載項目

空中写真の記載項目には，**図 14.1** に示すものがある．

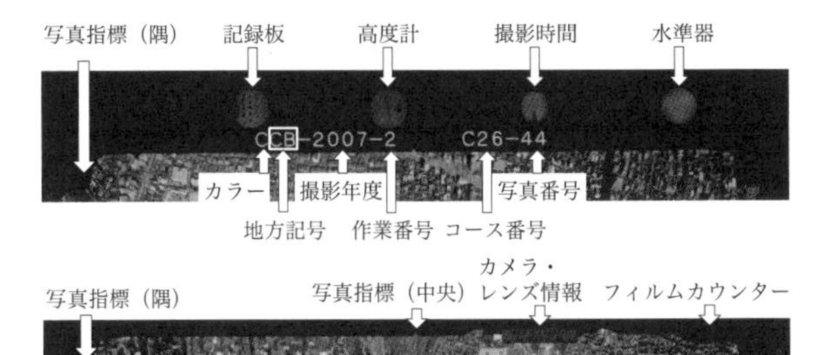

図14.1　空中写真の記載項目の例

① **写真指標**：主点を求めるための指標．

② **記録板**：地域番号や地名，高度や日付，時間などのメモが書かれている．

③ **高度計**：撮影時の高度がわかるように高度計が写し込まれる．高度計に表示される高度は，海抜撮影高度となる．小窓の文字が km 単位，文字板の文字は 100 m 単位で読む．

④ **撮影時間**：撮影時間を明確にするために時計が写し込まれる．

⑤ **水準器**：撮影時の傾斜角を求めるために，水準器が写し込まれる．水準器は**図 14.2** のように 1 grad 単位で同心円が刻まれており，気泡の位置により写真の最大傾斜方向と写真の傾きを知ることができる．

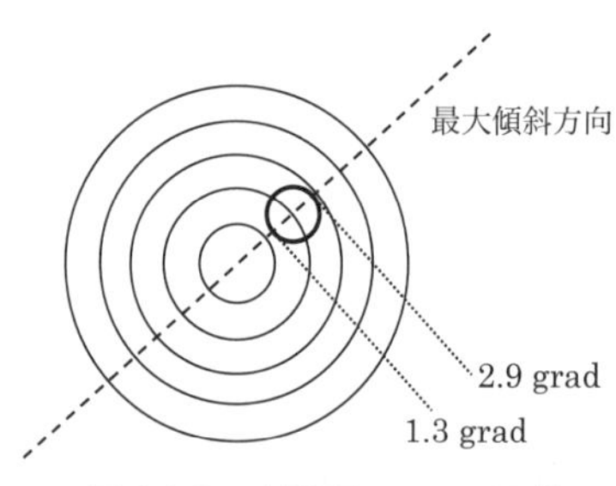

図14.2　水準器の grad 目盛

CHECK!!

1 grad は 90° の 1/100，つまり 0.9° = 0°54′ となる．写真の傾きは気泡の内側と外側の値を平均して求める．**図 14.2** を例にとると，(2.9 + 1.3)/2 × 0.9° ≒ 1° 53′ となる．

⑤ **カラー**：カラー写真の場合 “C” と表記される．モノクロの場合は表記なし．

⑥ **地方記号**：HO 北海道，TO 東北，KT 関東，CB 中部，KK 近畿，CG 中国，SI 四国，KU 九州，OK 沖縄

⑦ **コース番号・写真番号**：空中写真撮影時のコースと写真撮影の枚数が表記される．

CHECK!!

上達のポイント！

○スティック操作は，指先でゆっくり行う．
ゆっくり飛行でのトレーニングを心掛け，確実に思っている方向にゆっくりと飛行できるようにする

○あて舵をマスターする．
飛行を安定させるには，微調整するあて舵（トン・トンとしたスティック操作）をマスターすることがポイントである

自由に飛行できるようになれば，広く開けた安全な場所で目視飛行のできる範囲内で遠距離飛行を練習する．数百メートル離れた機体の操作は近距離飛行とは操作感覚が違うため，距離感に慣れる必要がある．

CHECK!!

申請者にはUAVの飛行に関する知識や能力に加えて，10時間以上の飛行実績が必要となる．

UAV チェックリスト

事前準備

点検項目		点検結果
飛行空域	飛行禁止空域ではないか.	□：禁止空域でない □：禁止空域である（要申請）
飛行方法	指定された飛行方法であるか.	□：指定方法である □：指定方法でない（要申請）
周囲の安全対策	飛行空域において，第三者への安全を確保できるか.	□：確保できる □：確保できない（要対策）
所有者または管理者への周知	飛行空域に係る地物の所有者または管理者への連絡は必要か.	□：不要 □：必要（要連絡または申請）
オペレーションソフト	機体のファームウェアおよび専用アプリは最新版か.	□：最新版 □：最新版でない（要アップロード）

現地確認

チェック	点検項目
□	飛行範囲の確認
□	障害物の確認（鉄塔，電線，無線アンテナ，高木等）
□	離着陸場所の確認
□	交通状況の確認

離陸前点検

チェック	点検項目
□	ブレードに損傷やゆがみがないか
□	機体のねじの緩みはないか
□	バッテリーの充電量は十分か
□	送信機の外観に異常はないか
□	送信機のスティックに異常はないか
□	風速は5 m以内か
□	雨天，濃霧ではないか

離陸直後点検

チェック	点検項目
□	モーターの異常音はないか
□	ホバリングは安定しているか
□	機体の動作に異常はないか
□	ジンバルに異常はないか
□	電波状態は安定しているか

着陸後点検

チェック	点検項目
□	ブレードに亀裂や破損はないか
□	機体またはバッテリーに異常な発熱はないか
□	ジンバルおよびカメラに異常はないか
□	機体に異常はないか
□	機体にゴミ等の付着はないか

メモ欄

メモ欄

メモ欄

メモ欄

メモ欄

メモ欄

索引

欧字

あ行

か行

さ行

た行

な行

は行

ま行

や行

ら行

── 著　者　紹　介 ──

岡島　賢治（おかじま　けんじ）
三重大学大学院生物資源学研究科 教授
博士（農学）
執筆分担：序章～14章

谷口　光廣（たにぐち　みつひろ）
三重大学大学院生物資源学研究科 非常勤講師
株式会社若鈴 営業企画部部長
測量士
執筆分担：1章～12章（原案），15章

森本　英嗣（もりもと　ひでつぐ）
三重大学大学院生物資源学研究科 准教授
博士（農学）
執筆分担：1章～15章編集

成岡　市（なりおか　はじめ）
三重大学名誉教授
農学博士
執筆分担：全章統括

改訂新版　測量実習ポケットブック

2018年 2月23日　　　第1版第1刷発行
2020年 4月 3日　改訂第1版第1刷発行
2022年 4月15日　改訂第1版第2刷発行

著　者　岡島(おかじま)　賢治(けんじ)
　　　　谷口(たにぐち)　光廣(みつひろ)
　　　　森本(もりもと)　英嗣(ひでつぐ)
　　　　成岡(なりおか)　市(はじめ)
発行者　田中　聡

発行所
株式会社　電気書院
ホームページ　www.denkishoin.co.jp
（振替口座　00190-5-18837）
〒101-0051　東京都千代田区神田神保町1-3ミヤタビル2F
電話(03)5259-9160／FAX(03)5259-9162

印刷　中央精版印刷株式会社　DTP　Mayumi Yanagihara
Printed in Japan／ISBN978-4-485-30263-7